世界经典名著主题悦读系列

SHIJIE JINGDIAN MINGZHU ZHUTI YUEDU XILIE

昆虫记

KUNCHONG JI

[法] 法布尔 著

李 娜 刘淑一 滕萍萍 改编

接力出版社
Publishing House

图书在版编目（CIP）数据

昆虫记／（法）法布尔著；李娜，刘淑一，滕萍萍改编 .—南宁：接
力出版社 ，2014.7
（优等生必读文库．世界经典名著主题悦读系列）
ISBN 978-7-5448-3445-2

Ⅰ．①昆…　Ⅱ．①法…②李…③刘…④滕…　Ⅲ．①昆虫学－少
年读物　Ⅳ．① Q96-49

中国版本图书馆 CIP 数据核字（2014）第 097644 号

责任编辑：朱晓颖　　美术编辑：王　雪
责任校对：贾宏宾　　责任监印：刘　冬
社长：黄　俭　　总编辑：白　冰
出版发行：接力出版社　　社址：广西南宁市园湖南路 9 号　　邮编：530022
电话：010-65546561（发行部）　　传真：010-65545210（发行部）
http://www.jielibj.com　　E-mail：jieli@jielibook.com
经销：新华书店　　印制：唐山嘉德印刷有限公司
开本：710 毫米 ×1000 毫米　1/16　　印张：14　　字数：155 千字
版次：2014 年 7 月第 1 版　　印次：2022 年 7 月第 16 次印刷
印数：130 001—142 000 册　　定价：22.80 元

让·法布尔（1823—1915）是法国著名的昆虫学家、动物行为学家、作家。法布尔出生于法国南部普罗旺斯的村庄，那里自然风光秀美，他从小就对大自然和昆虫世界表现出了浓厚的兴趣。从学校毕业后，他做了一名小学教师，但一直坚持自学，先后取得了数学学士学位、自然科学学士学位和自然科学博士学位。此外，他还精通拉丁语和希腊语，喜爱古罗马作家贺拉斯和诗人维吉尔的作品。

1859—1869年前后，法布尔完成了《昆虫记》的第一卷，广受赞誉。1879年，法布尔买下了荒石园，并一直居住到逝世。这里原本是一片荒芜的不毛之地，但却生长着种类繁多的昆虫，他不仅把家搬到了这里，也把书房、工作室和试验室搬了过来。有了这样一片梦寐以求的天地，他全身心地投入到昆虫研究中去。在这里，法布尔一边继续进行观察和实验，一边整理之前研究昆虫的结果，完成了《昆虫记》的后九卷。

《昆虫记》中精确地记录了法布尔进行的各种观察和实验，揭开了昆虫生命与生活习惯中的许多秘密，被世人称为"昆虫界的荷马""昆虫诗人"。拥有多重身份的法布尔著作颇丰：作为博物学家，他留下了许多动植物学术论著；作为教师，他曾编写过多册化学物理课本；作为诗人，他还用法国南部的普罗旺斯语写下了许多诗歌。此外，他还将某些普罗旺斯诗人的作品翻译成法语；闲暇之余，多才多艺的法布尔还用自己的口琴谱下一些小曲。

法布尔的才华受到当时许多文人、学者的仰慕，其中包括英国生物学家达尔文、诺贝尔文学奖得主——《青鸟》的作者梅特林克，等等。他虽然在科学和文学上都取得了很大的成就，但他为人朴实谦逊，过着清贫的生活。

李 娜

2014年7月

　　《昆虫记》出版于19世纪末到20世纪初，共有十卷。它是法国杰出昆虫学家法布尔的传世之作。作者通过亲身的科学观察和记载，带着真挚的情感去描述昆虫们生育、劳作、狩猎与死亡等日常生活细节。书中采用了通俗易懂的散文形式，平实简单的文字，把我们带进一个绚烂多姿、奥妙无穷的昆虫世界。

　　这究竟是一个怎样的昆虫世界呢？通过阅读《昆虫的故事》，我们不难发现作者笔下那些小虫子都是有灵气的。蜣螂，这个俗名为屎壳郎的家伙，竟然还是自然界的清道夫，负责着收集自然界中的粪便。可是屎壳郎中也有偷懒的家伙，法布尔就观察到有的贼蜣螂去偷盗别人的果实。原来不道德的事件同样在昆虫界发生啊！其实，我们人类也有误解昆虫的时候，有一则寓言讽刺蝉向蚂蚁乞食，这就让蝉背负上了好吃懒做的坏名声。在书中，法布尔用科学的观察为我们澄清了蚂蚁和蝉之间食物纠纷的事实，原来蚂蚁是厚着脸皮去抢劫蝉的饮料的。昆虫之间的纷争还不只是食物争夺，它们一出生便会面临很多的危险。法布尔也为我们逼真地展现了昆虫们的危险争斗世界。如螳螂和蝗虫战斗过程中，螳螂汹涌的气势使蝗虫的战斗锐气失了大半，结果蝗虫就成了牺牲品。这多像人类在竞争过程中的表现啊！成年螳螂的锋利锯齿很有威力，可是幼年螳螂会面临很多的危险，甚至连微不足道的小蚂蚁对它们的生命也造成威胁。看来，小昆虫们生活的世界有那么多的危险。在书中，法布尔为我们展现的更多的是昆虫们的"住宅区"，不同昆虫会有不同样式的房子。如蟋蟀这个勤劳的建筑师，它不会随遇而安的，选好地方后很仔细地建造洞穴。黄蜂筑巢的本领也是顶呱呱的，作者忍不住称黄蜂的巢是壮观美丽的建筑。除此之外，书中还详细地介绍了昆虫们的繁衍，从中我们可以了解到哪些昆虫是称职的好母亲，譬如凶狠的狼蛛可是充满母爱的好妈妈。

通过法布尔对这些昆虫形象的介绍，我们不但可以知道昆虫的习性，还了解到它们生活中的喜怒哀乐。因为法布尔把昆虫看作一个个生命体，而且他很热爱这些渺小的生命。所以，书中是以人类的思维去思考昆虫界的问题。法布尔经常把昆虫比作人类社会中的一些职业，如猎手、歌唱家、建筑师、保姆、哲学家、纺织家等。由此使得作者的叙述既有科学性又有趣味性，而且这种趣味是孩子们很容易领略的。这让我们在阅读中可以形象地感知昆虫世界，并激发对大自然的好奇心。有了好奇心还要付诸行动，我们知道这么多小昆虫的展现是与法布尔日积月累的观察与思考分不开的。因此作者那种坚持不懈的观察精神，让我们了解到智慧可以通过观察得来。那么，我们在平常的生活学习中也一定要多动手、多观察。

刘淑一

2014年7月

目·录 *contents*

世界经典名著主题悦读系列·

荒石园

这就是我所想要的：一片面积不大、整日被阳光暴晒、长满荒草的空地。这原本是一块被人们废弃的荒地，几乎不能生长农田作物。然而，这里却是昆虫的乐园。我把它买了下来，把四周围上围墙，这样，就不会有人随意干扰我的观察活动。我可以尽情地与我的昆虫伙伴们进行交谈。是的，这正是我的愿望，一个我从来没有奢求能够实现，但现在却已变成现实的一个梦想。

想要在野外建立一个观察实验室，对于一个奔波于衣食的人来说是一件多么不容易的事情。近四十年来我虽然穷困潦倒，但总算拥有了这么一片私人空间。尽管条件不如我所愿，但这仍然是我不懈奋斗的成果。但愿我能拥有更多的空闲与自由和我的小精灵们相处。看起来是有些迟了。我很怕手里终于有了一个甜美的桃子时，却没有牙齿来咬动它。

四周都是废墟一片，但我心中却有一堵石墙仍然屹立，那就是我心中对科学真理的坚定信念。啊，亲爱的昆虫朋友们，我无时无刻不想念着你们，关心着你们。然而，我必须承认，我缺少的恰恰是时间。在与命运的搏斗中，我已用上了几乎全部的心力。毕竟，在追求真理之前，要先解决温饱。

　　很长时间以来，还有人批评我的作品语气缺乏严肃性，其实，我的语言就是没有那么多的学术词汇。你们这些长着翅膀、带着螯刺、身穿护甲的昆虫们来这里为我辩解吧。请你们跟他们说说我在观察你们的时候是多么认真细致，与你们相处时是多么其乐融融，记录你们行为的时候是多么一丝不苟。你们一定会异口同声，证明我的作品的严谨性和真实性，我的描写既没有增添什么，也从不曾妄图缩水。

　　最后，如果你们觉得自己单枪匹马，不能够令那些教授们信服，那么就由我告诉他们一些事实：你们把昆虫们杀死做各种实验，而我研究的是活的生命；你们把它们制成冰冷恐怖的标本，而我是使人们喜欢它们；你们在实验室进行研究，我却在大自然边听蝉鸣边观察；你们做化学实验把细胞和原生质分离，我却在它们生命的极致下探究它们的本能；你们探究死亡，而我寻求生命。我还要说清楚的一点就是：野猪搅浑了清泉。博物学①原本是年轻人乐于从事的自然学问，然而却被所谓的细胞研究的进步分割得面目全非。我要把被你们弄得面目全非、令人生厌的博物学变得让年轻人易于接受和喜欢。这就是为什么我要在尽量

　　① 也称博物志、自然志、自然史。是叙述自然即动物、植物和矿物的种类、分布、性质和生态等最古老的学科之一。——本书脚注若无特别说明，均为改编者注

保持作品的真实性和严谨性的基础上，避免你们那种令人生厌的文体。

我要说的是我的计划中被期待已久的这块地，这片我终于在一个偏僻的小村庄里找到的空地，我想要把它建成一座昆虫学的观察实验基地。现在，这里重新长满了各种杂草。数量最多的是犬齿草，数量排第二的是各种矢车菊，另外还有高达六尺的大翅蓟。这里一旦水分充足必然是郁郁葱葱，而干燥炎热则荒败不堪。

这就是我四十年来拼命奋斗得来的乐园。打从它出现在我的计划书中的那一天起，我就把它当作我与昆虫们的伊甸园。从现实情况来看，我的这个目标将会很完美地实现。

我曾经向一位住在波尔多①的昆虫学家佩雷教授请教我捕捉到的各种昆虫的名字。他好奇地问我为什么能抓到那么多稀有的昆虫。然而，我告诉他，我的所有昆虫都是在我的乐园里找到的。我更喜欢观察活动着的昆虫们，而不是冰冷的昆虫标本。

环绕着荒石园的围墙建好之后的一段时间，园墙下到处都是泥水匠留下的成堆的石子和细沙。砂泥蜂选择石头的缝隙用来做它们的宿舍，长相凶悍的蜥蜴挑选了一个洞穴，潜伏在那里等待路过的蝗螂，黑耳朵的䳍鸟穿着白黑相间的衣裳，像是一位长衣修士，端坐在石头顶上高唱它的田园叙事小调。至于那些藏有天蓝色鸟蛋的鸟巢，会在石堆的什么地方才能找到呢。后来石头被农民搬走了，那些在石头里面生活的伙伴们也一起消失了。我对这些可爱的小邻居的离开感到十分惋惜，但对那

_____

① 法国地名。

个凶悍的蜥蜴，则没有丝毫的同情。

在沙土堆里，还隐藏了掘地蜂和猎蜂的群落。令人遗憾的是，这些可怜的小东西后来被建筑工人无情地给驱逐走了。但是仍然还有一些捕猎者留了下来，它们成天忙碌着寻找小毛虫。还有一种长得很大的黄色蛛蜂，竟然敢去捕捉毒蜘蛛。在荒石园的泥土里，有许多相当厉害的蜘蛛安居在那里，谁也不会轻易招惹它们。当然，强悍勇猛的蚂蚁军团也在这里出没，它们排着长长的队伍，四处出征，去猎取比它们强大好几倍的猎物。这里还有懒洋洋飞舞着的土蜂，它们被草丛中的金龟子和独角仙的幼虫吸引着，要伺机美食一顿。

屋子周围的树林里面，住满了各种鸟雀。它们之中有在丁香丛中筑巢的黄莺，有在阴凉的柏树枝丫间休憩的翠鸟，还有忙着运送碎草和布片到屋檐底下的麻雀，甚至还有惯于在晚上出猎的猫头鹰。房屋前面有一个小水塘，里面住满了青蛙。每当五月到来的时候，它们就组成乐队，声音震耳欲聋。在池塘边的居民中，最勇敢的要数黄蜂了，它竟成功阻止了地霸霸占我们的屋子。在屋子的门栏上，白腰蜂也在这里安家。每次我要走进屋子的时候必须非常谨慎。在关闭的窗户里，砂泥蜂在墙上建筑土巢。窗户木框上一不小心留下的小孔，就被它们用来做出口。在百叶窗的边线上，几只迷了路的切叶蜂筑起了蜂巢，还有一只黑胡蜂在半开的百叶窗里面筑了一个圆形的蜂巢。每到午饭的时候，一些黄蜂就会翩然来访，它们的目的，当然是想看看饭桌上我的葡萄成熟了没有。

当然，以上所说的昆虫不过是我所见到的一部分，它们全都是我的好伙伴。它们住在这里，打猎建巢，繁衍生息。而且，假如我打算转换一下观察的地方，走不多远便是一座山，到处都是野草莓树、岩蔷薇和石楠植物，黄蜂与蜜蜂都喜欢聚集在那里。

这就是我离开城市来到乡村的理由，这里可以让我找到宝贵的财富。这下你们可以明白我为什么要到这里定居，为我的萝卜除杂草，并悉心地灌溉我的莴苣了。

在大西洋和地中海沿岸，人们花费高昂的资金建造实验室，对海洋动物进行解剖实验，我不明白他们这么做到底有什么意义。他们在海洋投入如此巨大的花费，却对陆地上的小昆虫如此不屑一顾。我们何时能拥有一间不是研究泡在酒精里的昆虫尸体而是活体昆虫的实验室，一间可以研究这个小世界里的动物本能、生活习性、捕食和繁殖规律的实验室？这显然是农业学家和哲学家都应该认真思考的事情。

彻底研究我们的葡萄园毁灭者的过去，可能比研究某种动物的神经末梢①系统更有意义。深邃的海洋底部都要被人用长长的拖网翻个底朝天了，而我们对脚下的大地却还知之甚少。鉴于人们对足下土地的无知与漠视，我建造了我的荒石园作为一个试验场，期盼改善人们漠视大地上微小物种的这样的趋势。毕竟我的实验室自给自足，不需花费纳税人一分钱。

---

① 为神经纤维的末端部分，分布在各种器官和组织内。

知识百宝箱

　　生物学家选择将昆虫作为研究对象，从中揭开了很多自然之谜。昆虫学家除了从事基础研究，揭示昆虫生长发育规律外，在很多情况下主要是从事有害昆虫的防治研究及有益昆虫的利用研究。他们掌握自然规律，控制昆虫、管理昆虫，使其"有害不害，有益更益"。现在的昆虫学已由描述阶段、实验阶段进入分子生物学阶段，昆虫学逐渐形成了自己的许多分支学科。

红蚂蚁

在荒石园丰富的物种中，我一直把红蚂蚁摆在首位。在一块废墟上，有一处地方是红蚂蚁的山寨。红蚂蚁是一种既不善于哺育儿女，也不善于出去觅食的蚂蚁，它们为了生存，只好用不道德的办法去掠夺黑蚂蚁的儿女，把它们养在自己家里，将来这些被它们占为己有的蚂蚁就永远沦为了奴隶。

当炎热的七月到来的时候，我时常看见红蚂蚁出征的队伍，这支队伍大约有五六码长。如果路上没有什么惹人注意的，它们就会一直保持队形。当它们看见有黑蚂蚁的巢穴时，前面的队伍出现一阵忙乱。几个侦察兵先出去，如果证实是错了，就重新保持队形前进。它们的队伍蜿蜒向前，有时有条不紊地穿过小径，有时则在草地的枯叶中若隐若现。

最后，它们终于找到了黑蚂蚁的巢穴，红蚂蚁急忙冲到小蚂蚁的卧室里，把它们抱出了巢。在巢内，红蚂蚁和黑蚂蚁为了抢夺财产必然有过一番激烈的厮杀。双方力量悬殊，最终毫无疑问黑蚂蚁败下阵来，无可奈何地让强盗们把自己的孩子抢走。

抢劫蚁蛹的红蚂蚁需要运输距离的远近，取决于有没有黑蚂蚁。有时候十几步就到了，有时候则需要五十到一百步。有一次，我还看见红蚂蚁到花园以外的地方。它们可以越过任何一种道路，对于行进道路的性质它们一点儿也不挑剔。

可是它们对于回来的路则是确定不移的，那就是去的时候走哪儿，回来的时候也会走哪儿。不管原来走的是什么样的地方，它们都会义无反顾。有一天，我看见一队出征的蚂蚁沿着池边前进。我前一天刚刚把池塘里的两栖动物①换成了金鱼。那时天刮着大风，许多蚂蚁被吹落了，白白地做了鱼的美餐。这一次鱼又多吃了一批意外的食物——红蚂蚁和它的猎物。红蚂蚁的队伍宁愿牺牲自己的同胞，也不愿更换线路。

花整整几个下午观察红蚂蚁，在我看来真是太浪费时间了，而且往往没有什么结果。我不能把整个下午都消耗在蚂蚁身上，所以我叫小孙女露丝帮我监视它们。这个调皮的家伙对于蚂蚁的故事非常感兴趣，也曾亲眼看到红蚂蚁的战争，她很高兴接受我的嘱托。凡是天气不错的日子里，小露丝总是蹲在园子里，瞪着小眼睛往地上张望。

有一天，我在书房里听到露丝的声音："快来，快来！红蚂蚁已经

---

① 在进化过程中，由鱼类进化而来既能在陆地上生活又能在水中游动的动物。

走到黑蚂蚁的家里去了！"

"你知道它们走的是哪条路吗？"

"是的，我已经做了记号。"

"什么记号？你怎么做的？"

"我把白色的小石子撒在路上。"

我急忙跑到园子里，露丝说得没错。她事先准备了小石子，看到蚂蚁的队伍从兵营里出来，便一步步跟着，隔不远就撒下几颗小石子。红蚂蚁们正沿着那一条白色的石子路凯旋呢！

我拿起一把扫帚，把蚂蚁的路线全都清扫干净，扫了有一米多宽，把路面粉末状的材料全部扫掉，换上别的东西。如果原来的路上有什么气味，现在已经换掉了，这样的话整个蚁群会晕头转向。就这样，我在这条路的四个不同的地方用扫帚扫过，每个地方之间有几步远的距离。

现在蚂蚁大军来到了第一个道路被截断的地方。它们显得十分犹豫，有的往后退，有的来回徘徊，有的从侧面散开似乎要绕开这个地方。后续部队越来越多，整个蚁群乱哄哄的，不知所措。终于，有几只蚂蚁冒险地走上了扫过的那段路，其他的跟着它们；这时候，另一些蚂蚁从侧面绕了过去，也走上了原先的那条路。在被扫过的地方，蚂蚁们又同样犹豫不决，不过最终还是或直接或间接地走到了原路上。虽然受到了我的干扰，红蚂蚁还是顺着小石子标出的路线，回到了窝里。

实验似乎肯定了嗅觉的作用。红蚂蚁在道路被截断的四个地方都表现出了明显的犹豫。它们之所以仍然从原路回来，可能是因为扫帚扫得还不够彻底。为了验证我的结论，我制订了新的实验计划。

露丝很快就向我报告蚂蚁又出动了。这在我的意料之中，因为在六七月闷热的午后，尤其是在暴风雨来临之前，红蚂蚁很少错过这远征的最佳时机。

我从中选取了一个最有利于试验的地点。我把一条帆布管接到水龙头上，打开阀门，蚂蚁的归途顿时被激流冲断了。水很多，也很急，把地面冲洗得很彻底。大水这样冲洗了约一刻钟。接着，当抢劫回来的蚂蚁队伍走近时，我放慢了水流的速度。如果红蚂蚁必须走原路回家，那么它们就非得克服这个障碍。

这一次，蚂蚁们犹豫了很大一会儿，连拖在最后的蚂蚁也赶上了队伍的排头。水流卷走了那些最鲁莽的蚂蚁，可它们仍然固执地衔着猎物，再回到岸边，重新寻找可以涉水渡河的地方。几根麦秆被水冲到这里或那里，蚂蚁们走了上去。而橄榄树的枯叶则成了木筏，载着蚂蚁乘客们。那些最勇敢的蚂蚁先到达了对岸。但不管这支溃散的队伍多么混乱，也没有一只蚂蚁丢弃它们的战利品。总之，它们终于过了激流，而且是沿着既定路线过去的。

我觉得，激流实验之后，路上气味的解释就行不通了。如果蚂蚁走过的路上留有气味而我们的嗅觉闻不到的话，就让我们用强烈得多的气味来盖住它，看看情况会怎样。我等来了它们的第三次出动。在它们走过的路上，我用几把薄荷擦了擦地面，然后把薄荷叶盖在稍远处的路上。

归来的蚂蚁经过被擦过的地方时，犹豫了一下，然后还是走了过去。经过这两次实验——一次是激流冲洗路面，另一次是薄荷掩盖气味——我认为，再也不能把嗅觉说成是指引蚂蚁沿出发时的路线回窝的原因了。这一次，我对地面不作任何改变，只是在路中央铺了一些大大的纸张和报纸，用小石块压住。这块地毯彻底改变了道路的外貌，让蚂蚁们表现出了前所未有的犹豫。终于，它们穿过了这块铺纸的地带，队伍又像往常一样，恢复前进了。在前面不远处，我在它们的路线上铺了一层薄薄的黄沙。它们就像刚才面对纸地毯一样犹豫了起来，不过时间不长。最后，这个障碍也同样被逾越了。

我铺的黄沙和纸张并不能使路上可能留有的气味消失，而蚂蚁们却每次都表现出同样的迟疑，并且都停了下来。很显然，指引它们按原路回家的不是嗅觉，而是视觉，因为每当我改变沿途的景观时，回家的蚂蚁队伍都会停顿、犹疑。最后，蚂蚁们之所以都穿越了这可疑的地带，是因为在反复尝试穿越不同的地带之后，有几只蚂蚁终于认出，在另一端有它们熟悉的地方。

可是，光靠视力是不够的，红蚂蚁还有对地点的准确记忆力。这记忆力很强，甚至可以把对路途的印象保留到第二天乃至更久；而且这记忆力不打一点折扣，可以指引红蚂蚁队伍穿过各式各样的地面，不偏不差地走前一天走过的路线。

但是，如果在一个陌生的地方，红蚂蚁会怎样呢？我守在红蚂蚁的窝边。当队伍捕捉猎物归来时，我把一片橘叶伸到其中一只蚂蚁面前，让它爬上去。我把它运到队伍南边两三步远的地方，这足以使它离开熟悉的环境。我看见这只红蚂蚁回到地面后，像无头苍蝇似的到处乱闯，口中依然牢牢地衔着战利品。它匆匆忙忙地想去和战友会合，却始终无法找对方向，就迷了路。我记得有好几个这样的迷路者，离队伍越走越远，可嘴里却始终衔着蚁蛹。

我刚才已经认识了红蚂蚁对于地点的超强的记忆力，那么这种记忆力到底灵活到什么程度呢？红蚂蚁不可能接受实验，因为我无法知道远征队伍的路线是不是第一次走，也没有能力让红蚂蚁军团走这一条或那一条路。它们外出抢劫蚁窝的时候，总是随心所欲地选择路线，根本不受实验者的干预和影响。

知识百宝箱

蚂蚁的触角就像是盲人的竹竿一样灵敏，这对触角还有两种功能：触觉和嗅觉。蚂蚁在走路的时候，从腹部末端的肛门和腿上的腺体分泌出带有特殊气味的化学物质，被称作标记物质。这种物质能在路上留下痕迹。从远处回巢的同窝蚂蚁闻到这种气味以后，就用它特殊的鼻子——触角，来沿着这条气味的路标前进。蚂蚁的触角可谓是"气味"导航仪。

蝉和蚂蚁的寓言

名声大多是靠传说造就的。无论是在人类还是在动物的历史上，传说故事都留下了它的足印。特别是昆虫，它们以这样或那样的方式引起了我们的注意，也是许多民间故事中的主角，这些故事并不太关注事实是什么样的。

比如，有谁不知道蝉的名字呢？它是热情似火的歌手，对未来却缺乏远见，这样的名声早在我们童年时代已耳熟能详。大人们用几句浅显易学的诗句告诉我们，当凛冽的寒风吹起时，蝉一无所有，跑到它的邻居蚂蚁那里喊饿。可是这个借粮人不受欢迎，得到的是一个一针见血的回答，这成了它出名的主要原因。这短短的两句诗带有些嘲弄的意味：

你原来在唱歌！这真令我高兴。

那么，你现在就去跳舞吧。

　　这两句诗给蝉带来了更大的名声，并且深深地钻进了孩子们的心灵。大多数人都没听到过蝉唱歌，因为蝉生长在树林茂盛的地区；但是无论大人还是孩子，都可以想象得出蝉在蚂蚁面前的那副狼狈样子。它的名声就是这样来的。蝉的出名，应该归功于孩子们。这些故事通过孩子的口述成了寓言的素材：蝉在寒冷到来时，总是要经受饥饿之苦，尽管冬天并没有蝉；蝉总是要请求别人施舍几粒麦子，尽管事实上这种食物并不适合它们精致的吸食管；蝉总是一边乞讨，一边搜寻苍蝇和小蚯蚓，尽管事实上它们从来不吃这些食物。

　　这么多荒唐的错误该由谁来负责呢？拉·封丹的大多数寓言都以细致入微的观察入胜，但在蝉的问题上他却考虑欠周。他对寓言中的狐狸、狼、猫、山羊等动物，描写得准确生动。但是，在兔子雅诺①蹦跶的地方没有蝉；拉·封丹从来不曾听过它歌唱，也没有见过这种动物。画家格兰维尔②机智狡黠的画笔可以说和拉·封丹的寓言相得益彰，但他也犯了同样的错误。在他的画中，蚂蚁被打扮成勤劳的主妇。它在自己的家门口，在大袋的麦子旁边，鄙夷地转过身去，背对着借粮人伸向它的手。寓言的另一位主角是蚱蜢。格兰维尔和拉·封丹一样，也没有想过真正的蝉是什么样的。此外，拉·封丹只是拾了另一位寓言作家的牙慧而已。类似的故事，早在雅典就有了，是这样说的："冬天，蚂蚁们把储备的受潮食物放在太阳下晒。一只饥饿的蝉突然来乞讨。它恳求得到几粒谷子。那些吝啬的蚂蚁说：'你曾在夏天唱歌，那就在冬天跳

_____

①　拉·封丹寓言中的主人公。
②　19世纪法国插画作家。

舞吧。'"这个故事正和拉·封丹那篇寓言如出一辙。然而，这个寓言来自希腊，那里有橄榄树和蝉。伊索是不是寓言的作者并不重要，反正讲这故事的人是个希腊人，对蝉应该有足够的认知。在我的村庄中，谁都知道冬天是绝对没有蝉的。阿提喀①半岛上的农民也不是傻子，他们也知道我的农民邻居们所了解的情况。那么，这个故事里的这些谬误是怎么产生的呢？这位希腊寓言家比拉·封丹更不可原谅，他在讲述书本上的蝉，而雅典就在阿提喀半岛上。其实，他也只是在抄袭另一位更古老的印度寓言家的传说。印度人用芦苇写下这个故事，是为了警告后人：如果生活缺乏远见，那么将会后患无穷。如果不知道这一主题，就会误以为这是蝉和蚂蚁之间发生的小故事，也有可能故事最初的主角并不是蝉，而是其他某种动物，或者说某种昆虫。

这个古老的故事来自希腊，在漫长的几个世纪中，它让智者深思、使孩子愉悦。既然大错铸成，而且从此不可磨灭，甚至胜过了事实。让我们设法为这位遭到寓言诬蔑的歌手平反吧。我首先承认，蝉是一个令人讨厌的邻居。每年夏天，它们被我门前两棵粗大的梧桐的绿荫所吸引，成百地前来安家。在那里，从日出到日落，它们不断用嘶哑的交响乐干扰我。在这震耳欲聋的乐声中，我根本不可能思考。如果我没有抓紧利用早晨的时间，这一天就浪费了。

啊，这些可恶的虫子，我原本希望这个家能安安静静，没想到被你们破坏。听说，雅典人特意把你们养在笼子里，来享受你们的歌唱。在

---

① 古希腊首都雅典所在地，是伸入爱琴海的半岛。

饭后昏昏欲睡的时候，有一只蝉叫还可以接受；可当一个人在聚精会神地思考问题时，上百只蝉同时叫响，震耳欲聋，那真是一种折磨。可你们这些蝉儿却振振有词，说这两棵梧桐树是完全属于你们的，反倒是我擅闯它们的绿荫。好吧，为了我写好你们自己的故事，就请在身上安一个弱音器，降低一点音量吧。

事实否定了寓言家的无稽之谈。尽管蝉和蚂蚁之间有时有一些关系，但究竟是什么样的关系我们却并不肯定，我们只知道跟寓言家说的恰恰相反。蝉从来不需要依靠别人的帮助生活，而蚂蚁却把一切可以食用的东西都囤积在谷仓里。在任何时候，蝉都不会到蚂蚁窝前乞讨粮食；相反，倒是蚂蚁有时饿得饥肠辘辘，去向歌手哀求。我说的是它剥削蝉，厚颜无耻地将它洗劫一空。就让我来解释一下这鲜为人知的洗劫过程吧。

七月的午后热得令人窒息，蚂蚁们渴得筋疲力尽，它们四处游荡，想从干枯的花朵上取水解渴；而这时，蝉却一笑了之。它用小钻头一样的喙，刺进取之不尽的酒窖。它停在小灌木的枝丫上，一边不停地唱歌，一边在坚硬光滑的树皮上钻孔；被太阳晒得热烘烘的甘甜的树汁，使这些树皮鼓了起来。蝉把吸管插入洞孔，尽情畅饮，它纹丝不动，若有所思，完全沉浸在琼浆和歌曲的魅力之中。

我想继续观察一会儿，看看有什么会发生。事实上，有许多口干舌燥的昆虫在附近游荡；从井栏上渗出的树汁，使它们发现了那口"井"。我看到那里聚集着匆忙赶来的蚂蚁，为了靠近泉源，它们钻到了蝉的肚子底下。温厚老实的蝉用腿脚撑起身子，让这些讨厌鬼通过。我看见蚂蚁竟然得寸进尺，它们咬蝉的腿脚，拉蝉的翅端，爬上它的背，挠它的触须。还有一个胆大妄为的家伙，竟然在我的眼皮底下，抓住蝉的吸管，想把它拔出来。就这样，庞然大物蝉被这些侏儒们搅得失去了耐心，终于放弃了这口井。而恬不知耻的蚂蚁则成了泉水的主人，尽管这泉水很快干涸了。等以后新的机会出现，蚂蚁们又会故技重演，再去喝上一大口。

我们看到，事实和寓言里说的恰恰相反：在抢夺时肆无忌惮、毫不退缩的求食者是蚂蚁，甘愿受难分享泉水的能工巧匠则是蝉。下面一个细节更能说明它们角色的颠倒。五六个星期过去了，歌手耗尽了生命，从树梢上落了下来。它的尸体被阳光晒干，被路人践踏，最后被总在四处掠夺的强盗蚂蚁碰上了。它们将这丰盛的食物撕开、肢解、剪断、弄碎，以充实它们的食物储备。经常能看到垂死的蝉，翅膀还在尘土中抖动，可它们同样遭到蚂蚁们的拉扯、肢解。这时的蝉真是悲惨无比。

蚂蚁这个食肉者的习性，体现了两种昆虫之间真正的关系。古代的经典文化对蝉极其尊重。被誉为"希腊的贝朗杰"的抒情诗人阿那克里翁①为它写了一首颂歌，极尽赞美之能事。他说："你几乎就像神。"诗人将蝉尊奉为神，是因为它生于泥土，不知痛苦，有肉无血。我们不要责怪诗人的这些错误。再说，对于那些以格律和音韵见长的小诗，我们也没有必要斤斤计较，像阿那克里翁一样对蝉十分熟悉的普罗旺斯诗人，在赞美被他们视为标志的蝉时，也不太在意事实。

---

① 古希腊最伟大的抒情诗人之一。他的诗作现在仅存片段。

知识百宝箱

　　寓言是具有讽刺性或者劝解性的故事，通常把深刻的道理和寓意用简单的故事讲出来，借小喻大、借古讽今。寓言简明干练。寓言中的主人公可以是人也可以是动物，通常运用拟人和夸张的表现手法。《伊索寓言》相传为古希腊一位名叫伊索的奴隶搜集而成，涉及阿拉伯、印度等的故事。蝉和蚂蚁的寓言就收录其中。

蝉出地洞

　　七月来临，蝉儿就成了我花园的主人，甚至来到我家门前放声歌唱。于是我的住所就有了两个主人。在屋内，我是主人；在屋外，它们是主人。它们自以为自己至高无上，每天气焰嚣张地在那里吵吵嚷嚷。我们既然是这么近的邻里关系，往来接触是如此频繁，使我有机会观察到它们的一些细节。

　　临近夏至的时候，第一批蝉出现了。在一些被阳光暴晒、曾经是人来人往、被踩得很结实的小路地面上，出现了一个个直径如手指般的圆孔。

　　那是地洞的出口，蝉的幼虫通过它从地下爬上地面，从而蜕变成真正的蝉。这些孔几乎是随处可见。它们通常分布在路边，这些最热最干的地方。蝉的幼虫有非常锐利的工具，可以穿透土层，它尤其喜欢从最坚硬的地方钻出地面。花园里有一条小径，阳光的反射使那里酷热无比，小径上就布满了这样的洞口。

六月末，我开始用镐①挖那些被废弃不久的深井。洞口是圆的，直径差不多两厘米半。洞的周围没有一点杂物，也没有被推出来的小土丘。蝉的地洞深约四十厘米，呈圆柱形，基本上是垂直的。整条地洞畅通无阻。洞底是个死胡同，形成一个略微宽敞的穴。从地洞的深度和直径来看，挖出的土应该有两百立方厘米。这些土都到哪里去了呢？另外，洞穴是在干燥易碎的泥土中挖成的，它们的墙壁应该满是粉尘，而且极易坍塌。可事实恰恰相反，我发现洞壁被粉刷过了，上面涂了一层黏稠的泥浆。洞壁虽然不是非常光滑，但至少它不再显得粗糙；而且，原本极易坍塌的泥土也被这泥牢牢地固定在了原地。

蝉的幼虫是位聪明的工程师，它给地洞涂上泥浆，使它在反复使用之后仍然保持通畅。如果蝉的幼虫在爬上地面、准备攀到附近的枝丫上完成蜕变的时候被我惊动了，它就会立刻谨慎地退回去，重新下到洞底。这说明，即使地洞即将被永久废弃，也不会被别的东西堵塞。

那条通往地面的通道，是一座名副其实的城堡，是蝉的幼虫长期居住的场所。只要看一下那粉刷过的洞壁，你就清楚了。如果仅仅是一个简单的出口，就没有必要这样仔细。显然，它像是一个气象站，在那里，蝉的幼虫可以了解外面的天气情况，判断地面上的气候条件是否适合蜕变。因为蝉在蜕变时需要阳光，它必须知道地面的天气情况。

---

① 刨土的工具。

所以，它耐心地挖掘并加固通道，但它在地面上留了一层一指来深的土层，把自己和外界隔开。在地下，它精心修筑了一个细致的小窝。那里就好比是它的等候室。只要没有得到建议它搬家的消息，它就在那里休息。一旦预感到好天气来临，它就爬到高处。如果情况不理想，它就会继续等待。相反，如果天气条件有利，它就会用爪子打穿那层泥土，走出地洞。所有迹象似乎都在表明：蝉的地洞是一间等候室，也是一座气象站。

但是令人费解的是，那些挖出来的土哪里去了？幼虫又是从哪儿弄来泥浆涂在洞壁上的呢？挖出的土不可能被它吞食再排出，因为即使是最柔软、最湿润的土，幼虫也绝对不会吃。

蝉的幼虫要在地下待四年。这段漫长的时间，幼虫不可能一直在洞底度过，因为地洞只是它准备爬上地面的住所。幼虫是从别处来到这里的，当它为了躲避寒冷或者寻求给养的时候，它就会挖一条地道，把挖过的泥土抛在身后。蝉的幼虫只需在周围有一块很小的空间供它施展身手就行了。柔软、潮湿、易于压缩的泥土，对它来讲可以毫无困难地压紧、夯实，留出空间。

可是，蝉是在非常干燥的环境下挖洞的，泥土实在太干，很难压缩。而且如果考虑一下地洞的体积，我们就会产生怀疑：这些泥土需要一个相当宽敞的空间来堆放，而要获得这个空间，同样也要搬走其他的废土。

我们就这样在一个怪圈里打转，仅仅依靠将粉末状泥土抛到身后压实，不足以解释为什么会出现如此巨大的空间。让我们试着揭开这个秘密。让我们观察刚刚钻出地洞的幼虫。它们几乎总是或多或少地沾着泥浆，那一对用于挖掘的前爪尖上也沾着一颗颗小泥球，其余的爪子则像是戴着泥手套。沾了这么多泥土的蝉，居然是从非常干燥的土里钻出来的，这令我们感到费解。我们原先以为它会满身尘土，可它却是满身污泥。

只要顺着这条线索再进一步，我们就能找到问题的答案了。我把一只正在建造出通道的幼虫挖了出来。这只被发现的幼虫刚刚开始它的挖掘工作。一条拇指长的地洞，里面空无一物，这就是整个工程目前的状况。幼虫的体色比我在它们出洞时看到的要白得多。它的眼睛很大，虽然白但是浑浊不清，似乎看不见东西。在地下视力有什么用？而出了洞的幼虫眼睛则是黑黑的，闪闪发亮。只要看一下幼虫在准备蜕变期间视力成熟的过程，我们就能知道，幼虫不是在仓促间即兴挖掘那个上升通道的，而是为此工作了很长时间。

此外，这只苍白、盲眼的幼虫比成熟时大。它的身体涨满了液体，就像得了水肿病一样。只要用手指抓住它，它的尾部就立刻渗出一种透明的液体，为了说起来方便，我就称之为尿液。这尿液就是谜底。蝉的幼虫在前进过程中，把尿液洒在粉状的泥土上，将它变成泥浆，然后立刻用肚子把泥浆压在洞壁上。在最初干燥的泥土上，贴了一层富有弹性的黏土。泥浆渗进粗糙地面的缝隙里，调得最稀的泥浆渗透到最里层；剩下的则被再次挤压、堆积，填进空余的空间。一条宽敞的通道就这样挖成了。

幼虫就是在这样一种黏糊糊的泥浆中工作，这也是为什么它在钻出地面的时候浑身沾满泥巴。钻出地面后，剩下的尿液会被当成防御武器保留下来。要是有谁观察它时凑得太近，它就会向他射出一泡尿，并趁机逃跑。尽管蝉性喜干燥，但无论是它的幼虫还是成虫，都是灌溉能手。它蓄的水迟早会用尽，需要补充。到哪儿去补充？又怎么补充呢？

我发现在洞底小穴的墙壁上，嵌着一些活树根。暴露在外的树根很短，只有几毫米长；余下的部分都深深扎入附近的土里。挖洞的蝉有意寻找附近有新鲜树根的地方开工，它让树根露出一小段，其余部分则刚好嵌在壁上。墙壁上这个有生命的地方就是水源，只要需要，幼虫就能在这里得到补充和更新。把干土变成泥浆之后，幼虫的蓄水池空了，它便下到洞底的小穴，把吸管插进树根，在嵌在墙里的"水桶"中饱吸一顿。"水壶"装满后，它再上去，继续工作。它把硬土弄湿，以便爪子更好地搅拌，将泥土变成泥浆，再紧压在周围的洞壁上，造出一条畅通无阻的通道。沿着这条通道，蝉儿就能从里面出来歌唱了。

知识百宝箱

我们夏天从树下走过时，蝉会因为受到惊吓而突然飞起，有时还会有一股尿液洒向我们的皮肤。有人会说这些尿液有毒，其实，这是蝉身体代谢的产物，以液体的形式排出体外。蝉一生都在用针状口器吸吮树汁，所以它只排尿而不产生粪便，体内代谢也不会产生有毒的物质。那些说蝉尿有毒的说法是不对的。

蝉的蜕变

　　幼虫一旦跨过出口的大门，那个地洞就被废弃了，它一直张着大口，就像是一个用粗大的钻子钻出的孔。幼虫出来之后，先在四周游荡一会儿，去寻找一个支点：一棵小荆棘，一丛百里香，一根禾本植物或者一棵灌木。一旦找到之后，它会立刻爬上去，两只前爪的钩子合上，牢牢抓住，头朝上，再也不松手。如果枝杈的形状允许，它的其他爪子也会悬在上面；反之，它用两只前爪钩住也足够了。在剩下的时间里，它要好好地休息一下，它先让悬着的爪臂伸直，变成固定的支点。

　　幼虫的中胸先是沿着背部的中线裂开。裂缝的边缘慢慢撕开，露出浅绿色的昆虫身体。也就在这个时候，前胸也开裂了。纵向的裂纹向上延伸到头后，向下则抵达后胸，但不再向更远处扩张。接着，头罩横着在眼睛前面开裂，露出红色的眼睛。在各个部分都开裂以后，露出的那部分绿色身体开始膨胀起来，尤其在中胸的部位形成一个特别大的肉球。它缓缓抖动着，随着血液涌入回流似的，逐渐一涨一缩。

蝉蜕壳的速度倒是很快。不久，它的头已经开始逐渐出来了，喙和前爪也正在慢慢地从壳子里挣脱出。蝉的身体一直水平悬挂着，它的腹部朝上。最后，在敞开的旧壳下面，又把后爪伸了出来，后爪是最后挣脱出来的部位。这时的蝉翼是湿漉漉、皱巴巴的，蜷成一团，像是发育不全的残肢。这是蝉蜕变的第一阶段，只要十分钟就够了。

接下来到了第二阶段，这个时间要经历得长一些。这时候，蝉除了尾部还留在壳内，其余部分已经全部自由了。那层蜕下的旧壳仍然牢牢地挂在树枝上，在干燥天气的炙烤下迅速变硬，却仍然倔强地保持着原先的姿势，一点变化都没有。这是下面一个蜕变阶段的支撑点。

由于尾部还未完全抽出，蝉依旧穿着那件旧的衣装。最后，它头部向下，垂直翻了个身。这个时候的蝉整个身体呈现淡绿色，而且还略带些黄。原来像厚厚的残肢的蝉翼，此刻已经伸直并舒展开来，并随着体内体液的注入而张开。就在这个缓慢而细致的过程完成之后，蝉用一个不为人知的动作，用腰的力量把自己翻了过来，保持了头部向上的正常姿势。它用前爪抓住脱下的空壳，让尾部出来。蝉终于从壳子里脱了出来。这个过程总共用了半小时。

这时，蝉完已经完全摘下了它的面罩，可不久之后它就会变得和原来一点儿都不一样。它的翅膀非常湿润，像玻璃一样透明，上面有着叶脉一样嫩绿色的脉络。前胸和中胸稍微有一点儿棕色。身体的其他部分呈淡绿色，而且有些地方微微有些发白。两个小时过去了，蝉的身体似乎还没有发生什么明显的变化。它只靠前爪钩住旧壳，只要风稍微吹一下，它就摇摆得厉害；而且此时它很孱弱，身体也依然是绿色的。等了许久，它的颜色开始变了，不断变深，这个过程非常快，三十多分钟就够了。我看到一只蝉上午九点悬到树枝上，中午十二点半就已经飞走了。

那张空壳被留在那里，除了上面有一条裂缝，其余的部分仍然完好无损，并且一直很坚强地挂在树上。即便是风吹雨打，也都未必能把它打落。就这样直到冬天，都可以经常看到一些蝉壳挂在荆棘上，倔强地保持着幼虫蜕变时的姿势。蝉儿蜕下的壳子非常坚硬，这使人联想到挂着的干羊皮，可以作为纪念品保留很长时间。

知识百宝箱

蝉在完成了自己的蜕变之后将躯壳留在了树上。别看这躯壳虽小，作用可实在不少。中医上，我们叫它"蝉蜕"，又叫"蝉衣"或者"仙人衣"。每到夏秋季节都可以在蝉栖息过的地方找到，收集后把泥沙去掉，放好防止被压碎和受潮。蝉蜕在治疗破伤风、荨麻疹和中耳炎方面，配合其他中药服用，有显著的疗效。

蝉的歌唱

在我家附近，可以找到五种蝉：南欧熊蝉、山蝉、红蝉、黑蝉和矮蝉。前两种蝉极为常见，后三种则很稀罕，其中，南欧熊蝉最常见，个头也最大，人们通常所描述的蝉的发音器官就是它的。

在雄蝉的胸前，紧靠后腿的下方，有两块宽大的半圆形盖片，右边的微微叠在左边的上面。这就是蝉的发音器的气门、顶盖、制音器，也就是人们所说的音盖。如果把它们掀起，就能看到两个宽敞的空腔，一左一右，在普罗旺斯①，人们称它们为小教堂。两个小教堂合起来叫大教堂。它们的前端是一块柔软细腻的乳黄色膜片，后端是一层干燥的薄膜，这在普罗旺斯语中通常叫作镜子。一般来说，大教堂、镜子和音盖

① 法国东南部的一个地区，毗邻地中海，与意大利接壤，是世界闻名的薰衣草之乡和旅游胜地。

被认为是蝉的发音器官。我们可以打碎镜子，用剪刀剪去音盖，把前端的乳黄色薄膜撕碎。这并不能让蝉停止歌唱，只是声音弱小了一些，音质也差了一点而已。两个小教堂是共鸣器，它们并不发声，而是通过前后两片薄膜的振动使声音加强，并通过音盖的开合改变音色。

真正的发音器官在另外的地方，一般人很难发现。在两个小教堂的外侧，腹部和背部的交线上，开着一个扣眼大小的孔，孔的周围是角质的外壳，上面遮掩着音盖。我们把这个孔叫作"音窗"，它通向一个空腔，或者称之为"音室"；音室比邻近的小教堂更深，但也更窄。紧接着后翼根部的下方，轻微地隆起一个黑色椭圆形小包，这个隆起物就是音室的外壁。

我们在音室的外壁上开了一个很大的洞。于是，发音器便露了出来。那是一小片向外凸起，白色椭圆形干燥的薄膜，它整个都固定在四周坚硬的框架上。我们可以想象一下，如果把这块凸起的薄片往里拉，使它变形，然后让它迅速恢复原来突出的状态。这样的话，一定会产生清脆的振响。我们把挡在两个小教堂前端的黄色薄膜撕开，露出两根粗大的肌肉柱子，它们呈淡黄色，相交成V字，V字的尖顶立在蝉腹部的中线上。柱子的顶端像是被截过似的，突然中断，从截断处延伸出一根又短又细的弦，分别连着对应一侧韵音钹。这就是蝉的发声器官。

蝉的音盖是两块坚硬的盖片，镶嵌得十分牢固，只有靠腹部的鼓起和收缩，才使大教堂开关大门。腹部收缩的时候，盖片正好堵住小教堂和音室的音窗，于是声音就变得微弱、嘶哑、沉闷。而当腹部鼓起时，小教堂就被打开，音窗也畅通无阻，这样发出的声音就特别嘹亮高亢。

因此，腹部的急速晃动，伴随牵引音钹的肌肉的收缩，控制着音域的变化，而这声音似乎就是急速拉动弓弦发出的。

在炎热无风的中午，蝉的歌声分成一段一段的，每段都有几秒钟的时间，中间经历一些短暂的停顿。这每一段歌声都是突然响起。随着声音迅速升高，腹部的振动越来越快，直到发出的声音达到最强。这样高亢的旋律只要保持几秒钟，随后就开始逐渐减弱，并且随着腹部恢复休息状态，声音越来越低。蝉最后又微微振动了几下，接着便是一片宁静，宁静的时间随着天气有长有短。接着，新的歌声又突然重新响起，单调地重复着，周而复始，让人知道这夏日是如此的炎热。

我们所说的第二种蝉，称为山蝉，这儿的人叫它"喀喀蝉"，个头比南欧熊蝉小一半，这名字就模拟了它的叫声。山蝉比南欧熊蝉机警多了。它的歌声沙哑有力，中间没有任何停顿，而且单调刺耳，很令人生厌。这声音对我来讲，简直就是酷刑。令人感到欣慰的是山蝉开唱的时间没有南欧熊蝉那么早，晚上收工也不很晚。

虽然山蝉和南欧熊蝉的发音器官在原理上类似，但它还是有许多独到之处，让它的歌声别具一格。它没有音室，音钹露在外面，直接长在后翼与身体连接处的后方。山蝉的发音器官是一块白色的鳞片，鳞片里面贯穿着红褐色的脉络。从腹部的第一节向前伸出一块很硬的簧片，可以活动的一端靠在音钹上。它的音盖是分开的，相互之间隔得较远。音盖和腹部的坚硬簧片一起，将音钹遮住一半。在手指的按压下，山蝉的前胸和腹部关节会微微张开。此外，山蝉唱歌的时候一动不动，而且它的小教堂很小，几乎不能用做共鸣器。它也有镜子，但是才一毫米。总

之，山蝉的共鸣器十分简陋。但即便是简陋，它的声音也最响亮，甚至有些让人受不了。

我们这里还有两种蝉，一种叫黑蝉，另一种叫矮蝉。黑蝉并不常见，矮蝉我倒是捉了很多。矮蝉是我们这里体形最小的一种蝉，大约两厘米长。矮蝉没有音室，两块音盖相隔很远，使得小教堂门户大开。而两面镜子相对较大，外形像两颗豆子。矮蝉像山蝉那样唱歌时腹部一动不动。也就是这样，这两种蝉唱歌的旋律都非常单调。不过，矮蝉的歌声虽然很单调，但只要离开几步远就几乎听不见了。

蝉的视觉相当灵敏，依靠复眼能看清左右两边的事情，而三只单眼就像是红宝石做成的望远镜，探测着额头上方的空间。只要有人走进，它就能很快发现并飞走。如果我们避开它的五个视觉器官，就可以肆无忌惮地发出声音或者做任何动作，蝉都会无动于衷，若无其事地继续唱歌。

关于这点，我做过大量实验，这其中举一个例子。我借用了小镇的炮，当炮手得知是为了研究蝉，就非常乐意地把炮装上火药，到我家来射击。一共有两门炮，都像在最盛大的节日狂欢时那样，装满了火药。两门发出巨响的炮就架在我家门前的梧桐树下，也不用小心地把它遮起来，因为在枝上唱歌的蝉是看不到底下发生的事情的。

在场的共有六个人，所有人都认为炮声过后蝉不会再这么喧嚣，而有片刻的宁静。每个人都仔细观察了蝉的数量，它们演奏的声音和节奏。一切准备停当之后，大家的耳朵等着听这些蝉儿组成的乐队会怎么样。轰轰的炮声，声音真是大极了。可是树上的蝉没有受到任何惊扰。

这些合唱者的数量没有任何改变，节奏没有变化，音域也没有任何的改变。这样一来我们六人一致得出结论：炮声的轰鸣对蝉的歌唱毫无影响。第二炮的结果也是一样。整个乐队还坚持演奏，但一点儿都没有受到轰鸣的炮声惊吓和干扰。我们从中可以推断蝉是个聋子吗？我自己不知道怎么回答这个问题。我只能知道蝉的听觉非常迟钝，那句著名的习语用在它的身上再适合也不过了——"像聋子那样大喊大叫"。

如果有一天，有人为了证明蝉的叫声不是为了求偶，而只是为了感受生命的乐趣，就像我们高兴时会手舞足蹈一样，我不会感到有什么奇怪的。如果说它们的合唱还有什么次要目的同默不作声的雌蝉有关，那也是很可能、很正常的，只是到目前为止，这一点还没有得到证明。

知识百宝箱

一百多年来，关于蝉是否有听觉的问题一直成为人们争议的焦点，作者法布尔的看法一直被人们广泛接受。不过科学家经过缜密研究之后，发现蝉是有听觉的。蝉的听觉器官长在腹部的第二节附近，这上面布满了灵敏的感觉细胞。那为什么蝉对炮声没有感觉呢？这主要是因为，不同动物的听觉器官对声波的接收频率有一定的范围限制，不管这个声音有多强，超出这个范围声波都不会被听见。

蝉的产卵及孵化

　　蝉喜欢把卵产在纤细的干树枝上，而且特别偏爱细长、有规则而且非常光滑的树枝，因为这样的树枝能接纳它产下全部的卵。我收集到蝉卵最多的是金雀花的枝条，这些枝条的髓质比较丰富，特别是樱桃、阿福花那样高高的枝条。

　　蝉卵所在的枝条无论是什么植物，都必须是完全干枯的。虽然有时会发现有些蝉把卵产在了长着绿叶、开着鲜花的活树枝，但这些活树枝往往都比较干燥。

　　蝉的工作就是在树枝上刺上一排小孔，把木质纤维撕裂、挑出，形成一些微微的突起。不明就里的人看到这些小孔，会以为是植物得了真菌病形成球状的突起。

　　如果树枝形状不规则，或者好几只蝉在同一个地方相继产卵，那么刺孔的分布就会杂乱无章，人们会分辨不出刺孔的先后顺序，也不知道它们是哪一只蝉刺出的。但是我们还可以分辨得出被挑起的木质纤维总是斜向排列，这表明蝉是保持着直立的姿势，将自己的工具自上而下，纵向刺进树皮的。

如果树枝形状规则、光滑，而且长度适中，那么各刺孔之间的距离基本上相等，差不多在一条直线上。这些刺孔的数量多少也不太固定：如果蝉妈妈在这里产卵时受到干扰，就会另外找其他地方产卵，那么树枝上的小孔数量就比较少；如果所有的卵都产在同一排刺孔里，那么刺孔的数量在三十到四十个之间。即使两排刺孔数量相等，每一排的长度也会不同。根据我的测量，一个刺孔至另一个刺孔间的平均距离是八到十毫米。

每个刺孔都是一个斜向的，通常都一直深入到树枝的髓。刺孔下方紧接着的就是卵洞，这是一个很小的通道，差不多占据了这个刺孔口到前一个刺孔口之间的所有空间。卵穴里卵的数量差别很大。据我统计，每个穴有六到十五个不等，平均是十个。雌蝉一次彻底的产卵总共要钻三十到四十个穴，因此，它的产卵总数在三百到四百之间。

蝉从洞里出来两到三周以后，也就是七月中旬，就开始产卵。我在观察它们之前作了一番精心的准备。我从以前的观察中得知，蝉偏爱阿福花干枯的树枝。于是我把去年的干枯树枝放在原地，等到合适的时机来临，我便每天监视着它们。我并没有等待很长时间，就如愿地发现一只雌蝉在我放的树枝上产卵。产卵的蝉总是独来独往。每只蝉占据一根树枝，不用担心彼此之间会有竞争，从而影响细致的产卵工作。第一只蝉产完卵离开后，才会有第二只来，其他的蝉也是如此。其实，枝条上有的是地方，可以让所有产卵的蝉在这里产卵，但是每只蝉都希望轮到自己产卵的时候，能独自在这里享受这美好的时光。而且，它们之间没有任何的战争，产卵在一片祥和的氛围中进行。如果某只雌蝉抵达的时候，位置已经被别的蝉占领，它就会立刻飞走，去别处寻找枝条。

蝉在产卵的时候头始终朝上，而且非常专注于自己的工作，因此我观察时可以靠得很近。它把长约一厘米的产卵管整个儿斜插入树枝，因为蝉的工具非常精良，看来并没有什么难度。我看到蝉稍稍移动身体，腹部顶端一涨一缩，频频颤动。它就是这样产卵的。蝉产卵时无论有什么特殊情况发生，它都会一动不动。从第一针刺下去到卵穴里产满卵，大约需要十分钟。

接着，蝉把产卵管从刺孔慢慢抽出。刺孔随即随着合拢的木质纤维而自动关闭；蝉则沿着直线方向接着往上爬，爬的距离与它产卵管的长度差不多。它又在那里刺一个孔，在新的卵穴里再产下十几颗卵。它就是这样从下往上阶梯状产卵的。它慢慢移动，距离刚好使相邻的卵穴不发生重叠。蝉向上爬行的距离，由其产卵管的长度决定。如果枝条上的刺孔不多，那么这些刺孔就会排成一条直线。

但是，蝉在同一根树枝上产下它全部的卵需要很长时间。如果往一个卵穴内产卵需要十分钟，那么我有时会见到四十个卵穴排成一排，这就要六七个小时的产卵时间。如果时间很长，雌蝉会跟着太阳的移动而转动，它刺孔的线路就有点像日晷①的指针落在晷盘上的影子。但有很多次，当蝉沉醉在做母亲的快乐中时，会有小飞蝇跑来屠杀这刚刚产下的卵。

九月份的时候，原先闪着象牙白色光泽的蝉卵就变成了金黄色。十月初，卵的前端出现了两个栗褐色小圆点，这是这小家伙正在发育的眼睛。这双几乎就可以看东西的明亮眼睛，以及圆锥形的前端，使卵看起来就像是一条没有鳍的鱼，这条鱼很小，只要有半个核桃壳大小的水池，就能在里面畅游。

尽管我经常过来观察，但我却始终没见到蝉的幼虫从卵穴里爬出。在室内的研究也同样没有进展。两年来，我即使收集了一百多根带有蝉卵的不同植物的枝条，将它们保存在盒子、试管或瓶子里，可是没有一根树枝让我看到蝉卵的孵化。

当白天强烈的阳光和夜间的寒冷形成巨大的反差的时候，我发现了蝉卵孵化的迹象，可这时蝉的幼虫已经离开了。最多让我偶尔碰上一只幼虫被丝线挂在树枝上，悬在空中挣扎。从这个小家伙的体形、头形以及又大又黑的眼睛来看，它比卵更像是一条微型的鱼；它的腹部还有一个像鳍一样的东西，更加突出了这种相似。这类似桨的鳍状物从前肢延伸出来，而前肢则被套在一个特殊的鞘壳里，放在身后，伸直并拢。鳍状物能微微摆动，使它得以先从卵袋里出来，然后更加困难地从木质通道里出来。这个从蝉卵中出来的小家伙就像一只小船，并拢的两条前肢

---

① 本义是指的是太阳的影子，现在多指古代用来测日影而推算时刻的一种计时仪。

构成一支单桨，在腹部向后伸去。它的体节非常清楚，尤其是在腹部。此外，它通体光滑，没有一丝绒毛。蝉最初的形态是如此奇特、如此出人意料，真是太令人兴奋了！

蝉原始幼虫的形态非常适合出洞。一出洞口，这些原始幼虫越狱时穿的外套就马上裂开，小虫子从前到后把外壳蜕去，就变成了普通的幼虫。这个脆弱的生命需要一块相当松软、便于钻入的土地，以便立刻进入其中。冬天正在逼近，霜冻很快就会来临。我借助放大镜，看见它们用前爪的弯钩很快掘出一个像是用粗针尖钻出的洞。幼虫钻了进去，埋入土中，再也看不见了。

我听到第一声蝉鸣是在接近夏至的时候。一个月后，音乐会达到高潮。到了九月中旬，只有很少几只晚到的蝉还在细声细气地独唱。至此，音乐会已接近尾声。蝉在空中的寿命大概是五个星期。四年的地下苦干，换来一个月在阳光下的欢乐，这就是蝉的生活。

知识百宝箱

在中国历代文人墨客的笔下，蝉常常被歌颂为高洁的雅士。例如唐朝诗人骆宾王就曾写过《咏蝉》一诗："西陆蝉声唱，南冠客思深。不堪玄鬓影，来对白头吟。露重飞难进，风多响易沉。无人信高洁，谁为表予心？"又如唐朝虞世南的《蝉》："垂绥饮清露，流响出疏桐。居高声自远，非是藉秋风。"

蝉还被看作永生的象征。这样的寓意可能来自它的生命周期：它最初是幼虫，后来经过漫长的地底潜伏之后，才又爬上地面，成为地上的蝉蛹，最后变成能展翅飞翔的飞虫。

在公元前2000年的商代，蝉的幼虫就被铭刻在青铜器上。此后，从周朝后期到汉代的葬礼中，人们总把一只玉蝉放入死者口中以求庇护和永生。

螳螂的捕食

在古希腊，螳螂被人们叫作"占卜师"。乡间的农民看见在太阳炙烤的草地上，一只仪表堂堂的昆虫，庄严地半立着。它那宽大的绿色薄翼就像占卜师的长裙一样拖在地上；它向天空举着前肢，就像人举着手臂祷告的姿势一样。其实，螳螂虔诚的外表，蒙蔽了善良的人们，它祈祷的双臂其实是可怕的凶器，用来屠杀每一个从它身边经过的生命。

螳螂是直翅目食草昆虫中，只吃活的猎物的昆虫，以猎杀手段的残酷而著称，在人们看来螳螂没有任何令人害怕的地方。它身段高雅，轻盈的体态、优雅的上衣、淡绿的体色、罗纱般的长翼。它那一张尖尖的小嘴，好像仅仅为了用来啄食。它的脖子柔韧灵活，而且似乎还有表情。

螳螂的髋长而有力，可以让它变被动等候为主动出击。螳螂的大腿更长，是一把长着两排平行锯齿的锯子，两排锯齿之间有一个空槽，可以让小腿折叠放入。小腿和大腿的连接处特别灵活，它是一把细密的双排锯，锯齿比大腿的略小。小腿末端长着一个强壮而尖锐的弯钩，这弯钩是用来刺割的工具，钩下还有一道细槽，槽上有两把像修树枝的剪子一样的刀片。螳螂在休息的时候会把武器折起来，举在胸前，看上去不会伤人。

一旦有猎物经过，祈祷一样优雅的姿势立刻就不见了。武器会一下子张开，向远处抛出末端的弯钩，钩住猎物，把猎物拉到两排锯齿的中间。无论什么虫子一旦被螳螂的锯齿夹住，就怎样也挣脱不掉了。

为了更好地观察它们，我准备了十几个宽大的钟形金属纱网罩，把抓来的螳螂安顿在里边。

雌螳螂很能吃，喂养时间也特别长，因此喂养起来不是特别容易。我和邻居家的孩子们为它们准备了活蹦乱跳的蝗虫和蚱蜢；而且还有一些上好的野味，像灰蝗虫、白额螽斯、圆网丝蛛、冠蛛等。我为螳螂准备这些，既是为了试验它们的胆识和力量，也是为了给它们的囚禁生活增添一些乐趣。

螳螂看蝗虫在金属罩的纱网上冒失地靠近，突然摆出令人吃惊的架势。螳螂张开鞘翅①，斜着甩到两边；它的翅膀完全展开，高高竖起，像两片平行的船帆，又如同耸在背上的鸡冠。

螳螂用四条后腿支撑起身体，前胸几乎直立起来。原来折叠在胸前

---

① 指某些昆虫的前翅，质地坚硬，静止时，覆盖在膜质的后翅上，好像鞘一样，也叫翅鞘。

的凶猛的前爪完全张开，展示出腋下那串珍珠和中心有白斑的黑圆点。这两个圆斑有点儿像孔雀尾巴上的图案。它们是螳螂搏斗的宝物，只有在战斗时为了威慑对方，才展现出来。

螳螂一动不动地监视着蝗虫，这副架势的目的很明显，它要把这强大的猎物威慑住。没过多久，很明显这只受到威胁的虫子感觉到自己很危险。它能做什么呢？此时此刻，它却仍呆呆地待在原地，甚至还慢慢地向对手靠近。

在进攻没有危险的昆虫时，螳螂摆出的姿势就没有那么吓人，也不用耗费那么多的时间。它只要抛出弯钩就足够了。那些普通的蝗虫，无论在哪里都是螳螂的家常菜，只要轻轻伸手抓住就可以了。

翅膀在威吓猎物的过程中起着很大的作用。螳螂边缘呈绿色的翅膀很宽大，而且是无色透明的。翅膀上有许多纵向的脉络，呈扇形辐射开来。另外还有很多纤细的横向脉络，与纵向脉络相交成直角，组成许多网格。螳螂为了把猎物吓住，就要把翅膀张开，好像蝴蝶休息时翅膀的姿势一样。螳螂的腹部剧烈地动着，发出类似喘息的声音。

翅膀对于雄螳螂来说显得尤为重要，矮小瘦弱的雄螳螂为了交配必须在荆棘丛中穿梭。它的翅膀相当发达，每次飞翔大约四五步远。雄螳螂的食量很小。我很少能见到雄螳螂正在吃某一只瘦弱的蝗虫。雄螳螂也不会摆出那个威慑的姿势。

雌螳螂由于怀揣成熟的卵增加了体重，它只能爬或者跑，那它还留着翅膀干什么呢？因为它们要捕食体形庞大的猎物。有时，它们会在某个地方静静地等候一只难以驯服的猎物。如果正面短兵相接或许会送了性命，它首先要把这不速之客吓住，让它害怕而失去抵抗的能力。就为了这样，雌螳螂趁其不备猛地张开翅膀，这对于敌人来讲无疑是一种震慑。

如果一只螳螂处于极度饥饿的状态，连续几天没吃东西，那么它的食量会显得有些惊人。它能够把个头和自己差不多的，甚至比自己还大的灰蝗虫吃得干干净净。对于螳螂来讲，它要把这样大的一个巨大的猎物吃得一干二净，两个小时差不多就够了。有这么大食量的虫子可真是不多见。我曾亲眼看到过这样的情景，当时我想：要吃掉这么多的食物，你即使再贪吃也不会有这么大的肚子装得下。事实证明，我对它的判断是错误的，它简直就是食神，让我对它的胃口赞不绝口，而且这些食物只是穿肠而过，马上就溶解消化了。

在我的金属罩里，螳螂每天所吃的食物也有所不同。从外面看，螳螂用像钳子一样锋利的前爪夹住蝗虫，然后放进嘴里细嚼慢咽，也是让人感到很高兴的事情。螳螂的嘴巴并不是很大，不知道的人还真不相信它能把整个猎物都吞下去。一旦到螳螂嘴里的食物就会吃得只剩下翅膀，除此之外，螳螂无论吃蝗虫的爪子还是坚硬的外壳，什么也不会剩下。有时，螳螂会抓住蝗虫肥大的腿，把大口大口的肉送到嘴里，吃得津津有味，露出一副满意的表情。对于一个饥不择食的食客来说，蝗虫大腿真是太好吃了。

螳螂吃猎物的时候，是从脖子开始的。它用一只锋利的前爪把猎物拦腰抓住，用另一只按住它的头，然后就一口一口地轻轻咬着。猎物的颈部被撕咬开之后，也就失去了抵抗的能力，慢慢地不再踢腿，成了一具没有知觉的尸体。这时，这个食肉的魔王的行动便更加自由了，可以随心所欲地选择想吃的部位。

螳螂把猎物一块一块地肢解，这不失为解决猎物性命最简单有效的办法，但这方法太浪费时间，而且进行起来也非常危险。于是，螳螂找到了更有效的方法。它像一个熟知解剖学的医生一样，深知猎物颈部的生理构造。它选择从裸露的颈后入手，直接撕咬猎物颈部的淋巴结，肢解从根本上消灭了猎物反抗的肌肉活力。这样一来，无论什么猎物一旦颈部被撕咬开之后很快就失去了反抗能力，但它并没有立刻彻底地瘫痪，因为粗俗的蝗虫不像纤细的蜜蜂那样脆弱；但是凶猛的螳螂最初几口撕咬造成的瘫痪已经足够了。过不了多久，踢腿和挣扎渐渐平息了下来，所有反抗都宣告结束。无论这些野味个头有多大，螳螂都可以安安静静地享用。

以前，我通过仔细观察，把狩猎的昆虫分为麻醉猎物的和杀害猎物的两种方式，这两种昆虫都深知解剖学原理，让对手毫无招架之功。现在，在杀害猎物的强手中又增加了一位以寻找强大猎物为目标、以攻击对手颈部为主要手段的大师级人物——螳螂。

知识百宝箱

螳螂能够迅速捕捉猎物，主要因为它有一对复眼，每只复眼由几千个小眼组成。在螳螂眼里猎物的运动不是连续的，而是一个个单镜头组成的电影镜头，这样它能感受到猎物跑或者飞的快慢。

螳螂的爱情

看到"祈祷上帝之虫"这样的名字，大家会以为螳螂是一种平和温顺的昆虫，但实际上它却是一个食肉的恶魔、一个凶恶的幽灵，啃食着被它吓瘫了的猎物的头脑。据我们了解到的螳螂的习性，对比它的俗称给人的联想根本不能够吻合。这还并不是它最令人感到恐惧的地方，它对待同类所用的手段也极端残忍。

我在同一个网罩下放进了好几只雌螳螂，对于它们来讲，这还是比较宽敞的，还有足够的空间供被关押的雌螳螂们生长发育。更何况，这些雌螳螂都是大腹便便的，都不怎么喜欢走动。它们最常去的地方就是网罩的顶端。如果不是在一动不动地消化食物，就是在那里等待有猎物经过。在野外的草丛中，它们的状态也是这样。

把这么多螳螂放在一个地方总会产生危险的。笼子里的螳螂一旦食物不够，它们之间的关系就会变得非常紧张，而且会相互攻击。所以我特别留心，保持罩子里有充足的蝗虫做食物，而且一天换两次。这样，即使内战爆发，也不会是因为饥荒的缘故。

刚开始的时候，罩子里的螳螂们还是能够和平共处的，每只螳螂都会抓捕走进自己所控制的地方的猎物来咀嚼，而不会去找邻居的麻烦。可是这样的状态并没有维持多久。随着雌螳螂的肚子一天天隆起，卵巢内的卵串逐渐成熟，交配和产卵的时间慢慢地临近了。尽管罩子里没有雄螳螂供它们争风吃醋，但雌螳螂之间还是产生了强烈的嫉妒心理。卵巢的作用更是使这群虫子堕落，唆使它们疯狂地互相残杀。

有两只邻近的雌螳螂不知因为什么原因，直起身来，摆出战斗的姿势，一场恶战即将发生了。它们的脑袋左右转动，用眼光彼此挑衅。肚子摩擦着翅膀，发出扑扑的声音。如果这场决斗只是轻微的交锋，那么双方折叠着的锋利前爪就会像书页一样张开，放到两侧，护住胸部。这个姿势太漂亮了，根本没有像决一死战那样令人感到畏惧。

接下来，螳螂的一只弯钩突然松开，伸直之后抓住对手，接着迅速撤了回来，重新摆出防守的架势。对手也丝毫不感到畏惧，立即做出反击。它们之间的战斗就像击剑，又有点像两只猫儿打架。只要战斗双方有一只肚子上受了点伤，它们就会立即认输，紧张的状态便会趋于平静。

这场战斗并不惨烈，而很多时候的战斗结局惨不忍睹。这时，螳螂会毫不留情地完全摆出决斗的姿势。锋利的前爪张开着伸向半空。可怜的战败者，即将成为胜利者的一顿美餐。这令人发指的宴席在平静中进行着，仿佛螳螂吃的只是一只蝈蝈儿。周围的螳螂没有一个出来反对，因为一旦让它们抓住机会，它们也会毫不留情。

啊，多么残忍的虫子啊！即便是周围满是它爱吃的蝗虫，它依然会把同类当作腹中美餐。这样的吃法，简直是让人感到揪心和反感。

为了避免一个群体的成员过多而引起不断的战争，我把成双成对的螳螂分别装到不同的金属罩内。这样每一对螳螂都有自己的住所，谁都不会来打扰它们，也为它们保持了充足的食物，避免由于饥饿而引起同类相残的景象。

时节已经到了八月份。瘦弱的求爱者雄螳螂觉得求爱的时机已经成熟。于是，它不断地向高大的女伴暗送秋波。雄螳螂一动不动，长时间地凝望着它的心上人。雌螳螂一开始却纹丝不动，显得有些无动于衷。然而，一旦求爱者得到了许可的信号，它们就慢慢地靠近，不停地颤动翅膀。这个婚礼的序曲会持续很久，然后才是交尾，这也需要很长时间。

交尾的当天，最晚第二天，雄螳螂就被爱侣抓住，先从颈部开始一口一口地慢慢享用，最后只剩下翅膀。雌螳螂对异性的拥抱和婚后的美餐永不满足。当它或长或短地休息了一段时间后，无论是否已经产过卵，雌螳螂都会接受另一只雄螳螂的求爱，然后就像对待前夫那样把它吃掉。雄螳螂在完成交尾后，更会被当作普通猎物一样对待。

我认为如果在野外，雌螳螂也许不会这样做。雄螳螂在完成使命之后，有足够的时间逃跑，因为在金属笼子里，雄螳螂也有并非是一旦交尾完就立刻被吃掉的情况。我不清楚真正发生在野外荆棘丛里的事情，是否和金属罩里发生的情景一样。

不过，我以为雄螳螂有一段时间就可以逃跑的看法，被网罩里发生的情景驳回了。我无意中发现雄螳螂为了履行它生命的职责，在交尾完成之后会紧紧地抱着妻子。但是，这可怜的家伙，从胸部以上都被雌螳螂悠然自得地吃掉了。雄螳螂的这一段身体，却依然还紧紧抓着妻子。

雌螳螂在婚后把自己的情郎当作美食，这样的情景让我感到震惊而且不安了好久。"生命诚可贵，爱情价更高。"雄螳螂为了自己的爱情，牺牲了生命，这是怎样的一种牺牲精神！结论是：螳螂的爱情注定是一场无情的悲剧，这样说一点儿也不过分。我承认，空间狭小的网罩更有利于雌螳螂把雄螳螂啃食，但这并不是最终的原因，这要从它们的祖先说起。

雌螳螂之所以吃掉它的情郎，这要追溯到地质时代的某一时期。在石炭纪，就已经出现了这种野蛮交尾的雏形。包括螳螂在内的直翅目昆虫，是地球上最早出现的昆虫之一。它们生性非常粗野，而且由于进化得并不是特别完全，就这样在乔木和蕨类之间游荡，这时它们的家族已经非常兴旺；而在同一历史时期，整个地球上还没有那些进化得非常完全的昆虫。比如像蝴蝶、金龟子、苍蝇、蜜蜂之类的昆虫，在那个历史时期还没有产生。就这样在这个为了创造而急切毁灭的历史时期，昆虫的习性都显得非常暴躁。螳螂的身上保持着古代的幽灵留下来的基因和那个年代留下来的模糊的记忆，因而就还继续着从前的爱情传统。

螳螂家族的其他成员也有这种将雄性吃掉的习惯，我理所当然地认为这是螳螂的共性。灰螳螂的身材非常娇小玲珑，而且平时看来是如此的宁静安详，尽管我在网罩里面装有其他的螳螂，可它从来不主动找邻居的麻烦；但是，在交配完成之后它也会抓住配偶，把它吃掉，这种残忍和普通螳螂无异。我实在不想到处去寻找雄螳螂，来给我饲养的雌螳螂补充它们所需要的配偶了。一旦我寻找到一只完整敏捷的雄螳螂，并小心翼翼地把它放进网罩时，它就立刻被一只不再需要帮忙的雌螳螂抓住吃掉。这种欲望一旦得到满足，这两种雌螳螂会对雄性们产生天然的厌恶。也就是说，交尾完成之后，雌螳螂仅仅把雄性看作是一个美味的猎物。

知识百宝箱

在动物界，有些动物在交配后会吃掉它们的配偶。在大自然中，嗜食同类的雌性动物远远多于雄性。在生物学上，蜘蛛纲和昆虫纲动物，有雌性吃掉与之交尾的雄性的现象。这种特殊的现象，有的是复杂的进化原因，但经过研究发现这种令人毛骨悚然的同类相食的动机有时候非常简单，仅仅就是为了食物而吃掉。

螳螂的巢

螳螂的巢穴简直是一大奇观。几乎所有太阳能照到的地方都有可能发现螳螂巢：石堆、木块、葡萄根、灌木枝、草秸，甚至人类制造的东西。螳螂在筑巢的时候对地点可谓丝毫不挑剔，只要它表面凹凸不平，可以粘住巢的根部，并且将巢牢牢地支撑住。

螳螂巢的长度一般在四厘米左右，宽度为二厘米。它的颜色是像麦粒一样的金黄色。如果把巢放在火上，便会一点即燃，而且还会散发出像丝绸烧焦了的味道。其实，螳螂建造巢穴的材料和丝绸差不多，而且形状也会根据支撑物而不一样。这样一来，螳螂巢呈半椭圆形，一头圆钝，一头尖细，尖细的一头甚至还经常会延伸出短短的刺来。

不管什么情况下，螳螂巢的表面总是呈规则地突起。我们可以将其分成三块明显的垂直区域。巢中间的一块比另外两块窄，由成对排列的小鳞片组成，像房顶上的瓦片那样相互重叠着。小鳞片的边缘是悬空的，中间有两条微微张开的平行缝隙，小螳螂孵化之后就是从那儿出来。

要是把螳螂的巢从横向剖开，就会看到所有的卵形成一个很长的核，这个地方非常结实，两侧盖着一层多孔的厚皮。核的上面又有许许多多弯弯的薄片，这些薄片之间非常密集，差不多可以活动，薄片的顶端伸到出口区域，在那里变为两行交错排列的小鳞片。

螳螂卵就被包裹在淡黄色的角质外壳里面。它们沿着椭圆的圆弧，分层排列，通过这种方向的排列，我们就能知道小螳螂是怎么出来的了。孵化的小螳螂一半从右门出来，另一半从左门出来。只要有卵层，螳螂巢从结构上来讲都差不多。

我网罩里的所有螳螂巢都无一例外地建在钟形罩的金属网纱上。在自然条件下，螳螂的巢没有任何遮蔽物。它必须经得起严冬的恶劣天气，受得了风吹雨打，霜冻雪压，而不会掉下来。正因如此，产卵的螳螂才总是选用凹凸不平的支撑物，以便巢的底部能粘牢并固定在上面。只要条件允许，螳螂一定会左挑右选，精益求精，这就是为什么它们坚持使用金属网罩的原因了。

我观察到的唯一一只在产卵的螳螂是在笼子的顶端，它的身体倒挂着，沉浸在工作之中，即使是我在一旁拿着放大镜仔细观察，它也一点儿没有受到惊扰。

螳螂的腹部末端一直浸在一团泡沫中，让我看不清它的具体动作是怎样的。在我看来这团泡沫呈灰白色，而且带有黏性。泡沫刚出来的时候，我把一根麦秸伸了进去，这些泡沫会把麦秸轻轻地粘住。过了两分钟，它就逐渐地凝固起来，再也粘不住麦秸了。只要一会儿时间，泡沫就和一个旧螳螂巢一样坚硬了。

螳螂巢的泡沫材料由一些包含有气体的小泡沫组成。这些气体使螳螂造出的巢看起来比它自己的肚子还要大很多。尽管泡沫是从螳螂的身体中出来的，但这气体却明显不是来自昆虫，而是从空气中吸收来的。因此，螳螂主要利用空气建造巢穴，而空气能出色地保护巢不受恶劣天气的侵扰。螳螂在产卵的时候排出像丝液一样黏性的东西，这种东西马上就能够和外界空气混合，形成泡沫状的物质。

螳螂不断地搅拌着它排出的黏液，就像我们打鸡蛋清一样，使它渐渐地鼓起发泡。它的腹部末端张开一条长长的口子，就像两支宽大的勺子；螳螂以快速的动作，不断地将勺子张开、合拢，搅拌着黏液，使它一排出体外就变成了泡沫。另外，在两把张开的勺子之间，我们可以隐约看到螳螂体内的器官像蒸汽机的活塞杠杆一样，不断地上上下下、来来回回，但由于这些器官都是浸在不透明的泡沫团中，因此看不清它们确切在做什么。

螳螂的腹尾一直在不停地颤抖，速度很快地将它那两块裂瓣开合，也像一只钟摆一样，从左摆到右，再从右摆到左。螳螂每摆动一下，就在巢里产下一层卵，而巢外则多了一条横向的细纹。螳螂随着划出的弧线前进，不久它就突然把腹尾更多地扎进泡沫，就好像是它把什么东西插到了泡沫物质的深处。

而就在这时候，从体内排出的黏性物质像阵雨般不断倾下，被腹部顶端的两块裂瓣搅拌成泡沫。这时螳螂不再搅拌，而是直接利用这些黏液。只要一层卵产下，两块裂瓣就会产生泡沫，将它裹住。

螳螂在每一个新的巢上的出口区域，都涂着一层细密多孔的材料，这些材料呈现出纯白色，而且没有什么光泽，和白石灰的颜色差不多，和螳螂巢其余部分的灰白色形成鲜明的对比，就像糕点师做完糕点之后撒上的一层装饰品。这层雪白的涂料很容易粉碎脱落，一旦脱落，出口区域就能被清晰地辨认出来，露出那两排边缘悬空的小薄片。这些物质，在遇到恶劣天气的时候会把这层涂料渐渐地剥落，这就是为什么许多旧巢上没有这层涂料的原因。

我家附近还有一些螳螂，它们有时也使用凝固泡沫隔热外层，是否用这取决于它们的卵是否需要过冬。雌性灰螳螂可以说几乎是没长翅膀，和普通螳螂相比有着明显的不同，它的巢差不多只有樱桃核大，外面裹着一层厚厚的外壳。为什么要这样一层外壳呢？因为灰螳螂的巢和普通螳螂的一样，需要过冬，需要在枝头、在石块上经受严冬的各种考验。

螳螂巢上面的一端是圆的，下面的一端是尖的。筑巢一共需要两个多小时，而且中间没有停歇。从螳螂产卵的身上，我们可以算出螳螂可以产四百颗左右的卵。最大的那只雌螳螂大约产了一千颗卵，另外一只雌螳螂产卵在八百颗左右，而产卵最少的则产了三四百颗卵。

灰螳螂在这方面就显得小气多了。它们在我的钟形金属罩里只筑了一个巢，而且巢里才六十多颗卵。尽管筑巢的原理相同，但灰螳螂和普通螳螂的巢还是有很大差别的。灰螳螂的巢体积很小，而且某些结构的细节也不相同。灰螳螂的巢背部隆起呈人字形，没有由鳞状重叠的短薄片的出口，而且也没有出口处的带状涂层。整个巢的表面呈红棕色。巢的首端形状像子弹头一样。螳螂的卵排列呈现层状，嵌在无孔的角质材料中，这材料就像矿石一样坚硬，能承受很大的压力。和普通螳螂一样，灰螳螂也是在夜间筑巢的，这不利于我们的观察。

总体来看，螳螂巢不但体积特别庞大，而且建造的结构也非常奇特，建在石头上或荆棘里，非常明显，很容易引起别人的注意。也正是如此，螳螂巢在农村很出名，普罗旺斯的当地人叫它"梯格诺"，但是，没有人知道它的来源。每当我告诉那些质朴的邻居，"梯格诺"就是"祈祷上帝之虫"的巢时，他们感到非常吃惊。这种无知可能是因为螳螂总在夜间产卵的缘故。这种虫子在神秘的夜间筑巢时，从来没有被人撞见过，因此没有人将建筑物和建筑师联系起来，尽管这两者在农村都享有很大的美誉。

知识百宝箱

　　早在2000多年以前，我们的祖先就知道螳螂巢的妙用了。在《尔雅》《神农本草经》《本草纲目》中都有对于螳螂巢妙用的记载。

　　中药中有一味药叫桑螵蛸，就是大刀螂、小刀螂、薄翅螳螂、巨斧螳螂或华北刀螂等螳螂的卵鞘。这些螳螂的巢在深秋至第二年春季被人们采下来之后，放在笼屉上蒸煮，然后配上其他中药就可以治病。常见的入药方式有炒桑螵蛸，盐桑螵蛸，酒桑螵蛸等。

螳螂的孵化

螳螂的卵通常在六月中旬阳光明媚的上午十点左右开始孵化。孵化的螳螂在巢中央的带状区域出巢。从这个区域首先看到一个半透明的圆块慢慢钻出，接着是两个大大的黑点，那是小螳螂的眼睛。

这个新生儿在薄片下慢慢地滑动，开始露出一半身体。这并不是幼虫形态下的小螳螂，而是一个过渡的形态。你看这个圆圆的小家伙，头部呈乳白色而且还有点浮肿，在微微地跳动着。它身体的其他部分看起来有些黄但是也有些红。透过这层薄膜，我们可以看清小螳螂又黑又大的眼睛，但由于薄膜的覆盖，让这眼睛看起来有些浑浊，现在依然可以辨认出嘴巴和腿脚。总的来说，除了腿脚的特征比较鲜明外，小螳螂身体的其他部分都像蝉的幼虫孵化出来之前那样，有些微型无鳍鱼的模样。这个模样是有些昆虫在孵化成幼虫之前的短暂过渡，目的是让小虫

57

子顺利降生，要不它们长长的肢体怎么逾越出巢时的障碍呢？

螳螂在原始幼虫的时候，头部还汇聚着许多体液，慢慢地形成一个半透明的水泡，不停地跳动着。这是小螳螂在准备蜕皮的工具。同时，它那已经露出一半的身体摇动着，头部的水泡也在慢慢地长大。最后，它的前胸高高拱起，头用力向胸部弯曲，前胸上的膜就裂开了。小虫子在连腿带脚的努力下，终于从鞘壳中出来了。小虫子只要摇晃几下就挣脱了和巢的联系。

灰螳螂出巢的时间也是在六月份。在灰螳螂巢前端突出的尖角上，有一个白色无光的小点，这个地方非常脆弱，所以这是灰螳螂巢的唯一出口。小灰螳螂就是通过这个小孔，一个接一个地出巢的。小螳螂出巢后不久也会丢弃自己的外壳。

螳螂出巢并非是全部一次完成，而是分批分群的，这时间最长会有两天。先产下的卵往往不一定会提前出巢。最后产的卵比最先产的卵孵化得早，这种时间顺序上的颠倒可能是由于螳螂巢的形状造成的。巢的尖端容易受到阳光的刺激，那里的卵比圆钝端的卵苏醒得早，因为圆钝的一端体积更大，不能很快地获得孵化所要求的热量。

几百只螳螂幼虫同时出巢，这个场面简直是太宏大了。我之所以能够观看螳螂的集体出逃，是因为我在园子向阳的地方放了很多螳螂巢，那是我在冬天的时候从四处搜罗来的。我曾经天真地认为在暖房新生的小螳螂能得到更好的保护。但我自从观看了很多次螳螂的孵化，每次都见到了惨不忍睹的屠杀场面。

蚂蚁似乎对刚刚出生的螳螂很热衷，它们垂涎于巢里正在发育的娇嫩肌肉，因此在等待着幼虫出巢的最佳时机。我看到一旦有小螳螂出现，蚂蚁们就会立刻闻讯赶到。它们抓住小螳螂的肚子进行撕咬，而柔弱的新生儿则乱踢乱蹬。转眼之间，这场对无辜者的屠杀就告结束了。在为数众多的小螳螂中，只剩下寥寥无几偶然逃脱的幸存者。

螳螂是昆虫世界里未来的屠夫，而在此时小小的蚂蚁却是它们的梦魇。不过，这种屠杀持续的时间很短。一旦小螳螂接触到空气之后，它的腿就产生了力量，这样就不再受到蚂蚁攻击。它在蚁群中步态高昂，而蚂蚁则纷纷避让。它把锋利的前爪抱在胸前，好像拳击者准备出击的样子，那高傲的举止令蚂蚁们生畏。

喜欢趴在朝阳墙壁上的小灰蜥蜴，却根本不把这些刚刚出生的高傲的家伙放在眼里。它不知道从哪里打探到螳螂出生的消息，便在旁边用它细细的舌尖，把从蚂蚁口中逃生的小家伙舔入嘴里。这一口食物虽然很小，但它却觉得味道鲜美异常。蜥蜴在那里吞下螳螂的时候，一副心满意足的样子。

螳螂如果仅就这些天敌的话，也会感到欣慰的。据我所知，另一个掠食者比前面两位更可怕，也动手更早。那是一种小膜翅目蜂科昆虫，它恰巧把卵产在螳螂刚筑好的巢里。于是，螳螂的后代会被这种寄生虫一下子洗劫一空。

我把这些经历过生与死考验的小螳螂都收集起来。这些体色苍白的孵化的幼虫，头部的水泡很快缩小和消失了。身体的颜色渐渐地变深，还不到一天的时间，整个身体就变成了浅褐色。这时的小螳螂动作非常灵活，它们左右转动着脑袋，举起锋利的前爪，弯起腹部。在几分钟之后，小螳螂们都四散走开，有的去了地面上，有的去了附近的植物上。

我将几十只小螳螂放在金属罩里，接下来就考虑用什么来喂养它们了。到底吃什么才能把它们喂大呢？它们长得这么小，我也只能用很小的猎物喂它们。我把一根带着绿蚜虫的玫瑰花枝给它们。这上面的蚜虫吃得摇滚肚圆，肉质鲜嫩，正适合给我这些新来的客人补一下，可它们连看都没有看一眼。

接着，我把绿蚜虫换成了小苍蝇，小螳螂们依然不理。我想到成年的螳螂喜欢吃蝗虫，这些小家伙们要是能够吃到蝗虫，应该感到知足了吧。这一次，我换了几只刚刚孵化的小蝗虫。尽管才刚刚孵出，但它们的个头儿却不小。小螳螂会吃它们吗？答案是否定的：看到这些猎物之后，小螳螂们吓得逃之夭夭。

经过这次尝试，我明白了螳螂在出生之后不可能立即就吃活的猎物，这期间要吃一种过渡性的食物，以便与它们孱弱的身体相适应。尽管它们显得很勇敢，但我还是无法确信这些孱弱的小螳螂能够捕捉猎物。它们究竟吃什么才能顺利地活下来呢？如果有人在小螳螂的食谱问题上有什么有趣的发现，我都会对他的研究表示佩服。

这些难照顾的小家伙们，要是一出生就饿死的话，真是太令人同情了。它们在刚刚出生的时候，就成了蚂蚁、蜥蜴以及其他一些动物们的美餐，这些猎食者为了得到这美味食品，早就耐心等待了很久。而且在螳螂刚刚产卵的时候，早就经历了一些劫难。有一种小昆虫，用它的刺穿透螳螂巢凝固了的铜墙铁壁，把自己的卵产到巢里，在那里让它们的后代取代螳螂。而且它们比螳螂的卵成熟得早，很快就将螳螂的卵杀死，并成为它们的美食。每次螳螂产卵的数量确实很庞大，但是能真正孵化成幼虫的却是为数不多！据统计，一只雌螳螂一般能建造三个巢，一共可以产下一千颗左右的卵；但在数量这么庞大的卵中，只有极个别的螳螂能逃脱成为别的动物腹中美食的命运，生存下来，并且成功地繁衍后代，这样一来，时间的长河在不断流淌，而螳螂的数量却基本保持不变。

这样一来，另外一个严肃的问题摆在我们的面前：螳螂有着较强的生殖能力是逐渐获得的吗？由于蚂蚁和其他天敌大量地屠杀它的后代，它是否会在卵巢里为了克服天敌的破坏而产出更多数量的卵？螳螂今天能产这么多卵，是否正是因为它过去已经遭到过大量地屠杀？一定会有人这么认为，但他们并没有能够证明这种假设的强有力的证据，而只能倾向于把动物深刻的变化归结于环境的因素。

我们已经知道了螳螂的孵化是这么艰辛，出生后的小螳螂又在经历着新一轮的自然筛选，这是多么残酷的事实呀。多产的螳螂自己制造了这么丰富的食物，这食物中的有机物有可能被蚂蚁吸收，蚂蚁吸收之后可能被其他动物再吸收，最后也有可能被人类吸收。螳螂产下的许多颗卵，只有一小部分来繁衍后代，而大部分则尽其所能地为保全其整个种类的存在而牺牲了自己。它令我们想到了一个古老的象征：咬着自己尾巴的蛇。世界就是一个首尾相接的圆：结束是为了开始，死亡是为了生存。

知识百宝箱

在自然界，动物繁衍生命的方法有许许多多，卵生只是其中一种方式。这些动物主要是通过产卵的方式进行繁殖。卵生动物主要有一般的鸟类、爬虫类，大部分的鱼类和昆虫。卵生动物产卵后，经过孵化，变成动物，其营养来自卵本身。卵生动物中有一个神奇的成员叫鸭嘴兽。这种动物是澳大利亚特有的物种，既是卵生，又属于哺乳动物。

绿蝈蝈

现在正是七月中旬，从日历上来看，炎热才刚刚开始，其实早已经持续了几个礼拜了。

村里今晚在庆祝国庆①。孩子们围着火红的篝火，欢乐地跳跳蹦蹦。团团的火焰、隆隆的鼓声为这美好而伟大的日子增添了不少节日的气氛。当鼓声随着每支烟花的升空而响起时，我独自一人，在阴暗的角落里，倾听着来自田野间的昆虫节日音乐会，田野里的节目一点也不比村里的国庆庆祝会差，它既简单又动听，既宁静又刚强。

白天蝉儿在炎热的日光下，不停地演奏着交响乐。夜已晚了，蝉儿应该好好休息了。虽然夜晚来临，但它的休息常常被扰乱。在梧桐树浓

---

① 法国的国庆日是7月14日。

密的枝叶里，突然发出哀鸣似的短促而尖锐的叫声。这是蝉在安静的休息中，被夜间狂热的狩猎者绿色蝈蝈捉住而发出的绝望哀号。绿蝈蝈猛地扑上前将蝉拦腰抓住，挖出肚肠，全部掏空。

当被捉住的蝉还在挣扎的时候，梧桐树梢上的节目还在进行着，但合唱队已经换了人。现在是夜间音乐家的演奏。耳朵灵敏的人，能听到四周的绿叶丛中，蝈蝈们在小声讨论着什么。那像是滑轮的响声，一点儿也不引人注意，又像是干皱的薄膜隐隐约约地窸窣作响。在这喑哑而连续不断的低音中，时不时发出一阵非常尖锐而急促、类似于金属碰撞般的清脆响声，这便是蝈蝈的歌声和乐段，其余的则是伴唱。

虽然歌声的低音得到了加强，但这个音乐会不管怎么说还是十分不起眼的。在我的耳边，就有十来个蝈蝈在演唱，可它们的声音不强，我耳朵的鼓膜并不都能捕捉到这微弱的声音。然而当四野蛙声和其他虫鸣短暂的沉寂时，我所能听到的一点点歌声也是非常柔和的，与这夜色苍茫中的静谧气氛再适合不过了。绿色的蝈蝈啊，如果你拉的琴再响亮一点儿，那你就是比蝉更胜一筹的歌手了。

不过你的邻居铃蟾——和蔼地敲着铃铛的蟾蜍——比你优秀多了。当你在梧桐树上发出叮叮当当的声音时，它早就在树底发出清脆美妙的叫声了，这音乐短促、清晰、纯净、美妙。

在这声音中，唯一能够和铃蟾一较高低的就是角鸮，或者叫它小公爵。角鸮长着一对金色的圆圆的眼睛，看起来非常优雅，其实它是一种非常凶猛的夜间禽类。因为它的额头上竖着两只羽毛小角，人们叫它"长角的猫头鹰"。角鸮的歌声非常嘹亮，在静谧的夜晚中显得非常清

脆，不过却也是单调得让人厌烦。

在六月份，我捉到了许多成对儿的绿蝈蝈，并把它们放到一个金属的钟罩下面。这种昆虫非常漂亮，浑身嫩绿，侧面有两条淡白色的丝带，身材优美，苗条匀称，两片大翼轻盈如纱。

我开始给蝈蝈喂食。我起初以为它们是素食动物。我给它们莴苣叶，它们吃了一点儿，但不喜欢。我在想它们既然不是素食者，那就一定是喜欢肉食了。我必须另找食物，它们大概是要鲜肉吧，但究竟是什么呢？一次偶然的机会给了我答案。

清晨，我在家门口散步，突然旁边的梧桐树上落下了什么东西，同时还有刺耳的叽喳声。我跑了过去，那是一只蝈蝈正在啄着处于绝境的蝉的肚子。无论蝉儿怎么挣扎，蝈蝈一点也不放松，它将头伸到蝉的肚子里，一小口一小口地把肚肠拖出来吃。

我知道了，这场战斗发生在树上，发生在一大早蝉还在休息的时候。不幸的蝉被咬伤，猛地一跳，进攻者和防御者一道从树上掉了下来。我还亲眼看到过蝈蝈追蝉的情景：蝈蝈非常勇敢地纵身追捕蝉，而蝉则惊慌失措地飞起逃窜，就像鹰在天空中追捕云雀一样。但是这种以劫掠为生的鸟比昆虫低劣，它只是进攻比它弱的东西，而蝈蝈恰恰不一样，它进攻的对象则要比自己强大得多，可谓庞然大物。而这种身材大小悬殊的肉搏，其结果是毫无疑问的。蝈蝈有着有力的大颚、锐利的钳子，不能把它的俘虏开膛破肚的情况极少出现，因为蝉没有武器，只能尖叫和扭动身体。

蝈蝈捕捉蝉的关键是将它控制住，不能让它动弹。所以只要在夜里蝉被蝈蝈遇到，一般没有幸免的。这也是在寂静的夜里，树上会不时传来惊恐的蝉叫声的原因。

知道了蝈蝈喜欢蝉的美味，也就为我笼里的囚犯找到了食物——我用蝉来喂养它们。它们实在是太喜欢这道菜了，每次都是吃得津津有味，以至于两三个星期间，这个笼子里到处都是蝉肉被吃光后剩下的头骨和胸骨，扯下来的羽翼和断肢残腿。蝉的肚子全被吃掉了，这一定是好部位，虽然肉不多，但似乎味道特别鲜美。因为在这个部位，在嗉囊①里，堆积着蝉用喙从嫩树枝里吮取的糖浆甜汁。是不是由于这种甜食，蝉的肚子比其他部位更受欢迎呢？很可能正是如此。我还给蝈蝈准备了很甜的水果：几片梨子，几颗葡萄，几块西瓜。这些它们都很喜欢吃。

通过这些实验，我们知道蝈蝈喜欢吃昆虫，尤其是没有过于坚硬的盔甲保护的昆虫。它十分喜欢吃肉，但不像螳螂一样只吃肉。蝈蝈，这个蝉的屠夫，在吃肉喝血之后，也吃水果的甜浆，有时没有好吃的，甚至还吃一点儿青草。

但是，蝈蝈也存在着同类相食的现象。在我的笼子里，我从来没有看到像螳螂那样捕杀姐妹、吞吃丈夫的残暴行径，但要是一只蝈蝈死了，活着的一定不会放过品尝其尸体的机会的，就像吃普通的猎物一样。这并不是因为食物匮乏，而是因为贪婪才吃死去的同伴。

除了吃自己死去的同伴之外，蝈蝈们是彼此十分和睦地共居在一起

---

① 动物食管的后段暂时贮存食物的膨大部分，称为嗉囊。

的，它们之间从不争吵，顶多面对食物有点儿敌对行为而已。比如，我扔入一片梨，一只蝈蝈立即霸住它。谁要是来咬这块美味的食物，出于对食物的贪婪，它便踢腿把对方赶走。看来自私心在自然界是到处都存在的。吃饱了，它便让位给另一只蝈蝈，这时它变得宽容了。这样一个接着一个，所有的蝈蝈都能品尝到一口美味。吃饱喝足之后，它用喙尖抓抓脚底，用沾着唾液的爪擦擦脸和眼睛，然后闭着双眼或者躺在沙上消化食物。它们一天中大部分时间都在休息，天气炎热时更是这样。

夜里太阳落山之后，蝈蝈们才开始变得兴奋起来。在九点钟左右，热闹的氛围达到了最高潮。它们会突然一跃到钟形罩的圆顶，然后再用同样的方式跳下来，接着再上去。它们吵吵闹闹地来回跳动，遇到美味就停下来吃一口，但并不会逗留很长时间。

雄蝈蝈们分散在罩子里，它们有的在这儿，有的在那儿，在一旁鸣叫着，挑逗着眼前的雌蝈蝈，期望得到它们的青睐。交尾也是我观察的一项重要内容。我把这些蝈蝈放在钟形罩里面，并且给它们吃的食物，就是为了想好好观摩一下它们的婚礼，看看它们是如何传宗接代的。我的愿望得到了满足，但是并没有完全得到满足。因为它们的交尾一般是在深夜或者一大早进行的。

我没有看到过蝈蝈们婚礼的全部过程，看到的只有没完没了的婚礼前奏。热恋中的蝈蝈们在相互欣赏着对方，甚至额头触碰着额头，长时间地用触须相互触碰，好像在探寻着什么。雄蝈蝈们还不时地叫两句，短促地演奏一下乐器。然后就不发声了，也许因为是太兴奋了吧。十一点的钟声响起，这成双成对的蝈蝈还在相互表白。但是，我已经是睡眼蒙眬，再也无心看它们是如何交尾了。

第二天一早，我发现雌蝈蝈的产卵管下有一个其他的东西，这个东西螽斯也有，这让我感到十分惊讶。这是一个乳白色的卵泡，大概只有豌豆那么大，形状像蛋。蝈蝈在行走的时候，这个东西划着地面。两个小时过去了，雌蝈蝈的卵泡空了，这时它就一口一口地吃着卵泡，最后成为腹中的美食。通过这些实验和观察，我们可以证明，绿蝈蝈像蜈蚣和章鱼一样，都是远古习性的典型代表，它们这种保留远古时代奇特的繁殖行为，为科学研究提供了珍贵的标本。

知识百宝箱

"冬养秋虫"是老北京的一种古老民俗。秋虫主要是养蝈蝈、蟋蟀、油葫芦、金钟儿、秋蝉以及蝴蝶等。一入秋，老北京胡同里就开始出现卖蝈蝈儿的。小贩们把蝈蝈儿放在用秫秸、麦秆编织好的笼子里。笼子的样式各种各样，四合院里的人们远远地就能听见蝈蝈儿清脆的叫声，这一古老的民俗在明清时期盛行。皇宫内及其城乡人们都喜欢玩养蝈蝈。买回来的蝈蝈笼子大都挂在屋檐、门楣、窗前或院子的葡萄架或海棠树上。从此蝈蝈儿的鸣叫就成了四合院里最动听的声音，一直能叫到立冬。

蟋蟀的洞穴和卵

居住在草地里的蟋蟀，和蝉一样名气很大。它之所以如此美名远扬，主要是因为它的住所，还有它出色的歌唱才华。

从古到今，蟋蟀曾经出现在许多作家的笔下。寓言大师拉·封丹，就曾经赞扬过它，但是对于它只谈了简单的几句，仿佛并没有注意到这种小动物的天才与名气。另外，还有一位法国寓言作家也曾经写过一篇关于蟋蟀的寓言故事，但是很可惜，太缺乏真实性和含蓄一些的幽默感。而且，这位寓言作家在这个蟋蟀的故事中写道：蟋蟀并不满意，在叹息它自己的命运！事实可以证明，这太不真实了。其实，恰恰相反，蟋蟀对自己的住宅和生活是非常满意的。另一位没有留下姓名的寓言家则用饱含深情的笔墨赞美了蟋蟀朴实的乡间小屋。

寒冬来临的时候，大部分昆虫要么躲到了地底下，要么自己蜷缩在一个临时的庇护所内。像虎岬，它先挖一个垂直的深坑，再用自己的头将井口封住。如果有猎物不小心踏上这个危险的井口，入口处的活动踏板会马上翻转，在猎物的脚下坍塌下去，而猎物也就随之掉进了井里，成为虎岬的美味。再像蚁蛉，它在沙土里挖一个漏斗型的陷阱，陷阱的斜坡非常的松软，蚂蚁在斜坡上滑下去之后，躲在陷阱里的蚁蛉就会向它们扔石块，将它们活活砸死。

但是这些庇护所、巢穴或者捕猎所用的陷阱都是临时的。只有蟋蟀才有自己永久的房屋，而且这住所一旦被建造好，它就会老老实实地一直住下去，无论是春光灿烂还是寒风刺骨，蟋蟀都会在那里安享时光。我还要说的就是，这个住所是蟋蟀依靠自己的技能建造起来的。

蟋蟀挖洞穴的本领是从哪里学来的呢？是由于它有一副特殊的挖掘工具吗？不是，蟋蟀的挖掘工具其实是非常软弱的，在自然界蟋蟀根本算不上挖掘的高手。那么是因为蟋蟀的表皮非常娇嫩，害怕在露天的环境中生活吗？也不是。有些昆虫比蟋蟀娇嫩多了，可是它们反而喜欢在露天的环境里生活。

蟋蟀挖掘洞穴是由于它的身体构造决定的吗？不是，我家还有双斑蟋蟀、独居蟋蟀以及波尔多蟋蟀，它们从外表、颜色和结构上来看都和田间蟋蟀非常接近。如果不仔细分辨的话，我们很容易把它们几个认错。但是这三种蟋蟀没有一个会挖掘洞穴。双斑蟋蟀喜欢在潮湿的草堆里生活，而独居蟋蟀则喜欢在干燥的土壤裂缝中，另外一个波尔多蟋蟀则喜欢在我们家的阴暗角落里。

当我们从蟋蟀住所前走过的时候，无论脚步怎样轻巧，蟋蟀都能够听得见，它会一溜烟地钻到住所的深处去。那么怎样才能把这样一个胆小的家伙引出来呢？我们拿着一根稻草伸到蟋蟀的洞府里轻轻地拨弄。蟋蟀并不知道上面发生了什么，而且它现在被挠得奇痒难忍，就从洞里爬了出来。它先是在洞口犹豫片刻，用晃动的触须来打探情况；终于它从洞口出来了，我们就可以轻而易举地捉住它了。如果第一次没有捉住它的话，这个狡猾的家伙就会对稻草产生畏惧，无论怎么引诱都无济于事，最好的办法就是往洞口倒一杯水，它就会乖乖地爬出来。

接下来让我们仔细地看一下蟋蟀的家。蟋蟀的家位于青草丛的斜坡上，这里一般阳光充足，即使下了雨，雨水也会很快地流走。它的洞口有一小撮青草，为了掩护，它一般不会吃掉这些青草。这一撮青草遮掩住洞口，既可以挡风遮雨，又可以起到保护作用。洞口的入口稍微有些倾斜，被蟋蟀用心地整理得干干净净。当夜晚来临之际，四周的田野已经是一片静寂，蟋蟀就在这干净平整的舞台上，展示自己美妙的嗓音。

进入到蟋蟀的室内，我们可以看到这里装修得非常整洁朴素，虽然是泥土的墙壁，但一点儿也不粗糙。它的卧室就在房屋的尽头，这是一间凹陷进去的房间，没有其他的出口，墙壁要比其他的地方更加光滑一些，面积也是最大的。总之，蟋蟀的房屋非常简朴，但是非常整洁，而且一点儿也不潮湿。这么庞大的工程，对于小小的蟋蟀来讲是多么的令人惊讶和钦佩呀！

了解住所后，我们接下来要看一下蟋蟀是怎么产卵的。其实，想了解蟋蟀的产卵并不困难，只要稍微留意一下就可以了，这需要你的耐心。作为一个观察家来讲，耐心是必备的基本素质之一。在四月份，最晚到五月份，我会把成对儿的蟋蟀放进已经铺好的花盆里。为了防止蟋蟀逃走，我把花盆的上面用玻璃遮住。它们的日常饮食都是由我来亲自照顾，保证它们每天都能吃到新鲜的莴苣叶。

进入到六月份，我发现雌蟋蟀一动也不动地把产卵管竖直地放到泥土中。对于我这个陌生的不速之客，它丝毫不感到畏惧。过了好长时间，它才抽出产卵管，稍稍抹去钻孔的那一点儿痕迹。在稍作休整之后，它又到别的地方去产卵了。就这样，它这儿一点儿，那儿一点儿，整个花盆成了它的卵房。过了大约整整一天，它的产卵终于结束了。但是为了保险，我还是又耐心地等待了两天。过了两天我开始翻花盆里的泥土。我在花盆两厘米深处发现了许许多多蟋蟀的卵。这些卵呈米黄色，大约有两三毫米长，呈圆柱形。卵与卵之间相互没有连接，竖直地排列在泥土里。蟋蟀每次产的卵数量也有多有少，各不相同。我用放大镜对这些卵进行观察，大概每一只雌蟋蟀可以产五六百只卵。这样的庞大家族在以后的发展中一定要经历大规模的优胜劣汰，才能得到整体的优化。

卵产下两个星期以后，它的前端已经开始发生了变化，里面的幼虫穿着紧紧的衣服，还不能完全辨别出来。过了不久，卵开始变得透明，而且我们可以清晰地观察到蟋蟀的整个孵化过程。蟋蟀的身体差不多完全是灰白色的，它开始和眼前的泥土战斗了。它用它的大腮将一些毫无抵抗力的泥土咬出来，然后把它们打扫在一旁或干脆踢到后面去，它很快就可以在土面上享受阳光，并冒着和它的同类相冲突的危险开始生活，它是这样弱小的一个可怜虫，还没有跳蚤大呢！

又过了二十四小时，它的颜色变深，变成了一个小黑虫，那种乌黑亮泽完全能够和成年的蟋蟀相媲美，刚出生时的浅淡体色，现在只剩下一个白色的圆环围绕着胸腔，让人想起孩子们在学走路的时候缠绕在身上的布带。

我曾经想，这么庞大的一个大家庭，我该怎样养活它们呢？说真的，我还真没有照顾这些小家伙的经验。于是我就把它们全都放到后面的花园之中。希望大自然眷顾它们，让它们健康地成长下去，这样我就可以听到它们的演奏盛会了。没想到，没过多久，小蜥蜴和蚂蚁把它们吃得一个都不剩，这让我感到无比的惋惜。

知识百宝箱

只要一提到蟋蟀，人们总是联想到它和蚂蚁的故事。《昆虫记》中有蝉和蚂蚁的故事，也有人把这则寓言改写成了蟋蟀和蚂蚁的故事。无论谁和谁的故事，都揭示出一个道理：好逸恶劳的人结局往往是可悲的。故事的道理都是教育我们要勤奋，其实，蟋蟀也是很勤奋的一种动物，它从来都是自己挖洞筑巢，建造自己朴实的乡间小屋。

蟋蟀的歌声和交尾

蟋蟀是自然界有名的歌手，它的演奏器官其实很简单——带锯齿的琴弓和振动的薄膜。蟋蟀的右鞘翅交叠在左鞘翅上，几乎将后者全部覆盖住。两片鞘翅的结构相同。它的鞘翅几乎平直地贴在背上，侧面直角斜落，上边布满了倾斜平行细脉。在透过光看的时候，鞘翅呈极淡的棕红色。

在蟋蟀阶梯状褶皱凹陷处两边的翅脉中，有一条翅脉构成了锯齿状的长条。这就是琴弓。我数了一下，这上面大约有一百五十颗锯齿，这是一百五十个有着完美几何结构的三棱柱。

蟋蟀的歌者演奏工具真是太漂亮了。它的琴弓上的一百五十个三角棱柱与另一片鞘翅上的阶梯发生摩擦，使四个发声器振动发音。而在下面的两个发声器直接受摩擦而发声，上面的两个则由于摩擦工具的振动而奏出歌声。蟋蟀演奏的乐声是多么洪亮啊，甚至在几百米开外都能听得到。

蟋蟀的歌声清脆而抑扬顿挫。而且在蟋蟀的两片鞘翅下的折边有一个制振器，能随着折边下垂的程度不同而改变声音的强度，同时还能随着折边与柔软腹部接触面积大小的改变，使歌声时而低沉，时而嘹亮。

蟋蟀从来不在家里一个人独自演奏，而是喜欢在门口和煦的阳光下欢唱。它的鞘翅抬高，高兴地从乐器中传出一阵阵清脆的音乐，时而还带着柔和的颤音。这饱满洪亮的音乐，抑扬顿挫，绵绵不绝。整个春天，蟋蟀就这样独居一处，自得其乐。这个田野隐者首先为自己歌唱。它拉响琴弓，充满热情地歌颂生活的美好，赞美拜访它的太阳、养育它的青草，以及为它遮风挡雨的宁静住所。

这位独居者也为女邻居们献歌。在大自然中上演的蟋蟀婚礼，真是一番奇异的景象。可是，我们很少能够看得到，因为这小虫儿实在太胆怯了。雌雄蟋蟀喜欢各居一处，它们都极其喜欢宅在家里。这样一来，蟋蟀是怎样追求到自己喜欢的姑娘的呢？关于这个问题，雄蟋蟀一定有自己特殊的方法，能将自己引向默不作声的雌蟋蟀。它们之间的会面，我猜想，应该发生在傍晚暮色的掩护之下，在美人儿家门口铺满沙土的斜坡，一部爱情大剧正在上演。

它们的住所大约有二十步远，逾越这段距离对雄蟋蟀来说应该是一场重大行动。因为它平时足不出户，对周边的环境可谓一无所知，在这么远距离的旅行中，我担心它会因此迷失方向而无家可归。我不希望看到这对生活充满热爱的歌者因此悲惨地死去，或者成为夜里四处巡游的蟾蜍口中的美食。夜访雌蟋蟀也许让它失去了自己精心布置的家园，或者失去了自己的生命。但这结局对它来说又有何妨呢？它已经完成自己的使命了。

交尾之后，蟋蟀不再挖掘自己的住所，只要蜷缩在一片莴苣叶子下就可以了。通常雄蟋蟀之间是能够和平相处的，虽然求偶者之间时有争吵发生，但后果并不严重。战败者尽快溜之大吉，胜利者则唱起华美的曲调，然后慢慢地安静下来围着它心爱的姑娘表白。这时的雄蟋蟀成了美男子，用手把一条触须拉到大颚下，卷曲起来，涂上用自己唾液做成的化妆品。它那长长的后腿，随着情绪的变化不断地做出各种姿势。这可能是因为心里有着激动的情绪，使它发不出声。它的鞘翅虽然在有节奏地震动着，但是却再也不能像平时那样发出欢快而连续的歌声，或者只发出一阵带着杂乱无章的摩擦声。

如果这一系列真爱表白一无所获，雄蟋蟀就会沮丧地跑着躲藏到一片莴苣叶子的深处。不过，它会偷偷地将这个帘子拉开一点缝隙，静静地向外张望，这也是希望自己被对方看见。看来自然界中对爱情的表白，和对心爱的人的期待到处都是一样的。

蟋蟀的歌声再度响起，有时候逐渐沉寂下来，有时候又带有低低的颤音。被求爱者被这份诚恳与激情逐渐打动，便慢慢地从藏身处走了出来。雄蟋蟀激动地迎上前去，猛然掉了个头，背朝着雌蟋蟀，腹部抵在地上。对着自己的爱人，雄蟋蟀展现出自己的真诚与急切。两只蟋蟀终于走到了一起。

蟋蟀交尾完成之后，接下来就是产卵了。受孕后的雌蟋蟀显得有些暴躁。成双成对地同居生活在网罩下的蟋蟀经常引起家庭纷争。雄蟋蟀因惨遭毒打而致残，它的小提琴也被砸得破烂不堪。在我的网罩之外，在旷野之中，被残害的雄蟋蟀可以逃跑——它显然要逃跑，这是情有可原的。

雌蟋蟀受孕之后的性情发生了很大的变化，就连平时最温顺的都会对雄蟋蟀突然变得凶狠起来，这种现象实在引人深思。刚才还是情郎的雄蟋蟀，此刻一旦落入美人的口中，很快就会有被吃掉的危险；在最后几次会面中，雄蟋蟀必定是拖着残肢断腿、破烂鞘翅才脱身的。蝗虫和蟋蟀——这些从古老世界里残存下来的代表——告诉我们，作为生命原始机械中次要的齿轮，雄性应当在短时间内消失，腾出空间来给真正的繁衍者和真正的辛勤劳作者——母亲。

六月里，我的雄蟋蟀俘虏们全都死去了，有些是自然死亡，有些则是暴毙。雌蟋蟀在刚刚出生的小蟋蟀中间，还将多活一些时日。如果它们都独自过着单身的日子，情形将会发生很大的变化，雄蟋蟀们会活更长的时间，这是一个已经被证明了的事实。

在城里，一只蟋蟀可以受到百般的疼爱，这些遭到幽禁而被迫过单身生活的隐士成了老寿星。草地上的同胞早已经离世而去，但它们却一直歌唱到九月。这种长寿足以明确告诉我们，没有什么比生活更加折磨人的了。它们的热情消耗了自己，恬静的日子，带给它们的是更长的生存时日。

至于我家附近的另外三种蟋蟀，它们没有固定居所，有时是在枯草堆下，有时是在干裂的土缝中。这三种蟋蟀的发声器与田间蟋蟀的大致相同，只在细节上有一些小小的差别。

波尔多蟋蟀是蟋蟀家族中最小的，经常在我家门前的杨树下歌唱。但它的歌声十分微弱，只有极其灵敏的耳朵才能捕捉到，并且辨认出这虫儿蜷缩的角落。

意大利蟋蟀没有黑色礼服，也没有整个蟋蟀类所特有的臃肿外表。从七月到十月，在宁静而炎热的夏夜里，它的歌声是高雅的合奏。

田间蟋蟀和与它同属的昆虫们一样，也将鞘翅的边缘或高或低地靠在腹部，从而达到弱音器的功效。在八月静谧的夜里，我还从来没有听到过其他虫儿能比它唱得更加优雅，更加清澈。有多少次，在温柔寂静的月光下，我对着一丛迷迭香，倾听着荒石园里醉人的音乐！

在天黑以后，园子里的蟋蟀数不胜数。整个园子都是它们的歌剧院，每一簇红花怒放的岩蔷薇，每一束薰衣草，都有它自己的合唱队员。蟋蟀们从一丛灌木到另一丛灌木，以可爱清脆的嗓音一问一答；更确切地说，它们并不关心别人的曲调旋律，只是在独自为自己歌唱，欢庆生活中的种种快乐。

知识百宝箱

斗蟋蟀是以前中国民间的一项重要民俗活动。斗蟋蟀始于唐代，到了南宋有较大发展。当时还出现了专以驯养蟋蟀为职业的所谓"闲汉"。斗蟋蟀也受到统治者的青睐。南宋宰相贾似道就是一个著名的蟋蟀迷。当时蒙古人进攻中原，作为重臣的贾似道，却置国事于不顾，整天以斗蟋蟀为乐，最终落得一个国破人亡的下场，后人戏称之为"蟋蟀宰相"。此后，斗蟋蟀也因他而成了"玩物丧志"，乃至误国误民的代名词。但是他对蟋蟀进行了系统而全面的研究，而且写了一本《促织经》，对现代昆虫学有一定的启发意义。

蝗虫的角色和发声器

如果有那么一种狩猎，既不杀戮，也没有危险，那一定是捕捉蝗虫了。我的脑海里保留着这些回忆，我的孩子们也将把它们铭记在心。啊！这样的狩猎给我们带来了多少美好的早晨。

我想问这些蝗虫，你们在田野里究竟扮演着什么样的角色呢？有人说你是害虫，破坏了庄稼而且还会泛滥成灾。可在我看来，你们的功远远大于过，而且据我所知，农民从来没有说过你们的坏话。

你们吃的是连绵羊都不喜欢的坚硬而难啃的草尖，而且借助你们强健的胃才能被消化和利用。而且当你们来到田野时，麦苗早已成熟结实，收割完毕。假如蝗虫只是因为偷了田里的零星作物而消失了，那将会给我们带来什么后果？

每年的一到九十月份，孩子们就用两根长长的芦苇秆，将一群火鸡赶到山顶草场。这群火鸡来这里是为了长出结实肥美的肉来。不过这些火鸡吃什么呢？蝗虫。火鸡们这儿捕几只，那儿捉几只，美滋滋地把嗉囊填得鼓鼓囊囊的。人们圣诞夜吃的肥美烤火鸡，有一部分就是靠这秋天里的蝗虫给准备和饲养的。

珠鸡在农场周围发出吱嘎声，究竟是在找什么呢？当然是粮食，不过最重要的还是蝗虫。蝗虫会为它的腋窝下加上一层厚厚的肉，让它的肉更具滋味。

母鸡对蝗虫也非常偏爱。蝗虫让母鸡更能下蛋。而且，母鸡在野外会带着小鸡到山顶的荒草地上去，一起把发现的蝗虫美食吞下肚去。蝗虫为它们补充了高品质的食品。

除了我们的家禽以外，别的野禽也差不多。十只山鹑中有九只嗉囊里都塞有蝗虫。我猎鸟的时候为了解它们的饮食习惯，记录下了鸟的菜单，这些菜单中首先就有蝗虫。不仅如此，只要有机会，鱼儿也会好好享用蝗虫。假如蝗虫恰好跳在水里，鱼儿就会立即上前将蝗虫吞进肚子。蝗虫是如此的美味，养活了一群所谓的饥民。

休息的蝗虫，沉浸在对生活的感恩和幸福之中，一边消化食物，一边沐浴着阳光。这时，它会高兴地拿起琴弓突然演奏出几段曲子，接着反复三四次，中间伴有短暂的停歇。蝗虫用粗壮的后腿在腹部两侧弹拨，时而用这条，时而用那条，时而两条并用。它们的歌声像是针尖在纸上划过发出的声音。

蝗虫的乐器，没有带锯齿的琴弓，没有如扬琴般紧绷和振动的翅膜。以意大利蝗虫为例，其他会唱歌的蝗虫的发声器都与它基本相同。

蝗虫的后腿呈流线型，而且每一面上都有两根竖长粗壮的肋条。在这两根粗壮的肋条之间，阶梯状地排列着一系列小肋条，构成了人字形的条纹。这些肋条都同样突出，同样清楚明显。除了这两面完全一样之外，更让我惊讶的是，这些肋条都很光滑。最后，鞘翅的下面边缘，也就是后腿作为琴弓弹拨的翅膀边缘，也没有什么特殊之处。那里可以看到和鞘翅膜其他部位同样粗壮的翅脉，但没有任何粗糙的锉板，也没有任何锯齿。

蝗虫的乐器是怎样发出声音的呢？答案是摩擦一张干皱的薄膜而发出细微的声响。蝗虫猛烈地颤抖着，将它的腿抬高、放下，并且对自己的成果心满意足。就像是我们高兴的时候摩擦双手一样，这其实是蝗虫表达自己内心高兴和对生活满意的方式。

当天空略有云翳、太阳时隐时现时，让我们来看看蝗虫吧。当白云间透出一缕阳光，蝗虫立刻开始摩擦它的后腿，阳光越是温暖，它的摩擦就越激烈。这摩擦所奏出的曲子都很简短，但只要阳光和煦，它演奏的小曲就不停息。很快阴影过来了，蝗虫欢快的歌声戛然而止，直到下一次阳光出现时才再次响起。蝗虫在演奏的时候，伴随着身体的短促颤抖。这样我们就知道了：演奏是爱好阳光的蝗虫表示自己生活安乐的直接方式。蝗虫在美美地饱食一顿之后，再沐浴在阳光之下，它就会非常兴奋。

长鼻蝗虫并不是用摩擦来表达快乐，它长着不成比例的细长后腿，在我们看来它即使在明媚的阳光下也会闷闷不乐。它的后腿虽然长，可除了跳跃之外，就再没有其他用途了。同样，有一双过长的后腿，胖胖的灰蝗虫也不会发声。当阳光普照的时候，即使在冬季，灰蝗虫也会展开翅膀飞快地扑打几十分钟，但翅膀旋转的声音实在太轻，让人几乎无法察觉到。

步行蝗虫在这方面也不行。这身穿短礼服的跳跃者还是安德罗萨思花的常客，这种小花像雪一般洁白，粉红色的芽微笑着；步行蝗虫的颜色也如同这花圃中的植物一样清新。

步行蝗虫穿着一身既优雅又简洁的礼服。它的鞘翅像两片粗糙西服的下摆，相距很远，长度几乎不超过腹部的第一节；两片翅膀更加短小，似乎尚未发育齐全。这种昆虫直到生命的尽头，都一直穿着这身轻薄的小衣。步行蝗虫的后腿非常粗壮，可以当琴弓；但它没有凸出的鞘翅边缘作为摩擦时的发音空间。如果说其他蝗虫发出的声音很小，那么它则是完全发不出声音。即使我周围的人再竭尽全力去听，都没有用。我一共喂养了三个月，却连步行蝗虫最细微的响声也没有听过。

我不知道为什么步行蝗虫不能飞行，而它的近亲们却个个都是飞行能手。它拥有鞘翅与翅膀的萌芽，但并没有发育和利用，而且它一直蹦蹦跳跳的。能够迅速地飞越白雪皑皑的山谷，从一个山脊飞行到达另一个山脊，而且还能够轻易地从一片被啃过的草场飞向另一片还未开发的草场。这难道对步行蝗虫来讲不是最大的好处吗？显然不是。而像其他蝗虫，尤其是那些一直居住在山顶的蝗虫们，它们都拥有双翅，并且对此非常满意。为什么步行蝗虫不像它们一样呢？让它闲置的翅膀发挥应有的作用，这一定会使它获益匪浅，可它却根本没有这样做，这个原因发人深思。

在步行蝗虫幼虫出生时，一定是带着成年后飞翔的希望。作为这美好未来的保证，步行蝗虫背着四个套子，里面沉睡着珍贵的翅膀萌芽。这一切似乎按照正常的进化需要做好了充分的准备，但是接下来的一切却并非如此，它的机体并没有兑现它许下的诺言，本应成为能够空中翱翔的翅膀，却成为无用的服饰。

是什么原因让步行蝗虫没有超越自己飞行器的粗糙雏形呢？在这漫长的岁月当中，步行蝗虫肯定也受到过飞行需要的刺激，同样，当它在岩石中间艰难地往前行进的时候，也会感到要是能借助飞行来摆脱重力的束缚是多么的方便。它的机体所做的一切尝试，都在努力使它拥有能够飞翔的翅膀，可是，它却始终不能长出强壮的翅膀。其实，在需要、饮食、气候、习惯等条件都相同的情况下，一些蝗虫已经成功地进化了，而且能够利用翅膀飞行，而另外一些却没有成功，仍然是笨重的步行者。而我对这样的解释则不认同。关于在进化中蝗虫是否能够飞翔的问题，我们暂且不谈，但是与同类的其他蝗虫相比，步行蝗虫不知为何落后了一个阶段。在机体的发育中，有后退，有停滞，也有飞跃，我们对此充满好奇，却无法了解。面对捉摸不透的物种起源问题，我们最好还是默默接受这些既成的现实。

知识百宝箱

　　蝗虫的翅膀不但柔韧，而且其表面还有许多纹路和突起。科学家先用高速摄像机拍下蝗虫扇动翅膀的图像，然后在计算机上建立起三维空气动力学模型。结果发现，蝗虫翅膀在扇动时出现的变形，能使空气平滑地从翅膀表面流过，有助于高效飞行。正是这些特征使蝗虫具有很高的飞行效率，与人类制造的平滑且坚硬的飞机机翼比起来，蝗虫翅膀在飞行效率上还要更胜一筹。这也提醒我们，如果要制造微型飞行器，是否也考虑用一对像蝗虫那样柔韧且有纹路的翅膀呢？

蝗虫的产卵

在八月底的中午，让我们来观察身材矮小，穿着短短的鞘翅的意大利蝗虫。大部分意大利蝗虫的外衣都偏棕红色，点缀着棕色的斑点，而还有一些蝗虫前胸有白色的绲边，玫瑰红的翅膀根部，酒红色后胫节①。

在阳光下，雌蝗虫选择了在钟形罩的边缘产卵，它将肚子垂直插入沙中，直到完全消失。现在蝗虫母亲的身体有一半插在沙里之后，上身微微抖动，后颈阵阵搏动，头部轻轻跳动着。它在排卵的时候非常专注，除了头部以外，上半部分的身体岿然不动。它就这样坚持了四十多分钟以后，突然猛地脱身而出，跳向远处。它真是一个不负责任的母

---

① 胫节是昆虫足的第四节，接触在腿节的细长部分。

亲，对产下的卵看都不看一眼，也不将产卵的洞口遮住。但其他蝗虫并不像意大利蝗虫一样将它们的卵抛弃。

黑条蓝翅蝗虫和黑面蝗虫在产卵时所采取的姿势与意大利蝗虫相同，但它们在排完卵之后用后腿扫了一些沙子，遮住产卵的洞口，并飞快地用脚踏实。就这样卵坑消失了，而且没有一点痕迹。它们产卵之后高兴地发出细微的唧唧声，像虫子沐浴在阳光下宁静午休时的愉快歌唱。母鸡喜欢用欢快的歌声来庆祝刚产下的鸡蛋，蝗虫也是如此。它用自己微不足道的声音为它们刚出世的孩子们庆生。

灰蝗虫一般在四月底产卵，与其他蝗虫一样，雌灰蝗虫在肚子上有四个挖掘器，像带钩的爪子，钩爪朝下。雌蝗虫在产卵的时候把肚子弯曲起来，用四个钻头咬住地面，翻起一些干燥的土壤；接着，它把肚子插进土里一动不动。它用身体穿过坚硬而又结实的地面，就像我们的手指插进一团柔软的黏土一般。

蝗虫寻找放置虫卵的地方要经历过多次的探测，有一次我看到雌蝗虫连续打了五个洞，还没有找到合适的地点。第六次试钻时，雌蝗虫才找到了合适的地点。接着，产卵就开始了。但是，从外面看，谁也不知道产卵正在进行。整个产卵的过程大约持续了一个小时。最后，它的肚子逐渐升了上来。它的排卵管口不断地抖动着，分泌出一种起泡的黏液。这与螳螂用泡沫包裹它的卵差不多。泡沫物质在卵洞口处形成一个突起，在灰色的土地中显得非常醒目。雌蝗虫在完成这个突起的封盖后便离开产下的卵，过不了几天，它又要到另外的地方去产卵。

我在网罩下面的沙土中，用刀尖挖了三四厘米，看见一个个由泡沫凝固变硬的囊，黏结在表面的沙粒给卵囊包上了一层外壳。卵囊里只有泡沫和卵。卵在囊的底部，倾斜而有序地挤放在囊里。所有的外壳几乎都是垂直插在土里的，顶部基本与地面齐平。

灰蝗虫的卵囊是一个圆柱体，长约六厘米，直径在八毫米左右，顶端是圆形，其余部分粗细比较均匀。虫卵是灰色的，长长的呈纺锤形。它们在泡沫里斜放着占卵囊的六分之一。蝗虫的卵囊外包裹着土粒，而且数量在三十枚左右。

黑面蝗虫的卵囊形似圆柱体，长度有三四厘米，而蓝翅蝗虫的卵囊则像一个胖胖的逗号，同样数量不多，颜色呈橙红色，但表面没有斑点。步行蝗虫的卵囊呈深红棕色，也像一个错误写就的逗号。意大利蝗虫首先将自己的卵放进一只小桶中，在小桶顶端卵囊延伸出一个附件，里面按惯例装满泡沫。这样，它的卵囊就成了两层楼的居所，两层之间由一条畅通的峡谷连接。

长鼻蝗虫虽然没有灰蝗虫那么大，但是它体形独特。在我们这里，没有任何一只蝗虫有它那样的弹簧长腿进行跳跃，但它的跳跃能力与夸张的长腿一点也不相称。由于跳跃工具过长，小虫跳得有些笨拙，划出短短的抛物线。它的脑袋显得更加奇怪，像一个拉长的锥体。它的这个奇怪的脑袋上有一对卵形的大眼睛，竖着两条扁平尖细的触须。这触须是用来收集信息的。长鼻蝗虫有同类相残的习性。当这些虫子吃够了绿叶之后，它就开始啃起体弱的同伴来。

十月的头几天里，这种昆虫在网罩上产卵，它先是排出一股沫，接着立刻凝固成一条粗绳。整个过程大约一个小时，它并不在意排出的卵囊掉在什么地方。它排出的卵囊形状每次都不一样，随着时间的推移，颜色也慢慢变深，到了第二天就成了铁锈色。卵囊的前面，通常由泡沫构成，里面有二十余枚琥珀色的卵浸没在泡沫中。

蝗虫产卵的时候起泡是在体内进行的，体外没有任何迹象能显示这道工序。黏液一出现在露天，便已经是泡沫状的了，这一切都是自然进行的。其他蝗虫也一样。它们把卵储藏在泡沫桶里，并将泡沫延长。雌蝗虫产卵的时候各个器官相互配合、自动进行。

八月份，在发黄的草地上，就已经看见长鼻蝗虫和灰蝗虫的孩子了。十月份就已经看见它们的幼虫了。而其他蝗虫的卵壳都要过冬，等到春天才会孵化。

蝗虫出生时，头顶上是一条垂直的通道，这条通道被泡沫保护着，这条通道能将新生儿引到离地面很近的地方。而小蝗虫到了那里之后，只要穿过厚度为指宽的土层就可以了。

小蝗虫刚从卵里孵出来的时候是白色的，稍稍带着一些浅棕红。为了尽量不阻碍自己蠕动前进，它刚出生时穿着一件盔甲，而触角、触须和腿脚都紧贴在胸部与腹部。它的头深深地弯着。粗大的后腿和其他腿脚都并列地排着，这些腿脚折叠着，都还没有成形。

蝗虫的挖掘工具位于后颈。那里有一个泡囊，一会儿鼓起，一会儿瘪下，就像机器的活塞那样规则地颤动并撞击着障碍物。整整一个小时，这个小虫才勉强往前推进了一毫米。这付出的努力和取得的成果告诉我，它投奔光明将是一项浩大的工程，如果没有雌蝗虫留下的上升通道，那么大部分幼虫都会死去。

　　蚱蜢类昆虫的卵毫无保护地直接埋在土中，没有预先准备好的出口通道。由于没有上升通道，这些毫无远见的昆虫死亡率非常高。孵化迁徙的时候，大批幼虫就会在地下死去。

　　这也就解释了蚱蜢类昆虫为何比蝗虫少得多。但是在一开始它们产卵在数量上并没有差别。事实上，蝗虫并不局限于只产一个有二十多枚卵的卵囊，它会在土里埋上两个，三个，甚至更多，这样，它们这些昆虫所产的卵总数就差不多了。

　　这些蝗虫的幼虫为了出来，一连几天都在艰难地用头部的挖掘器奋力破掉头上的土。经过无数的努力，它终于爬出了地面。只要好好地休息一下，稍作休整，在囊泡颤动的推挤下，临时盔甲就会突然裂开。一身破衣烂衫被这个小东西用后腿褪到了身体的后面——小蝗虫的后腿是最后从盔甲中摆脱出来的。经历了这一系列的磨难之后，终于大功告成了：小虫儿终于获得了自由，它的身体的颜色并不是很深，但是外形已经基本形成。

　　此前这个小家伙的后腿一直伸得笔直，而现在马上就恢复了通常的姿态；小腿弯在粗壮的大腿下方，弹簧已经准备就绪，就等待使用了。过了不久，它就开始动了。小小蝗虫经历了千辛万苦，终于进入了大千世界，从土地上第一次跳了起来。我给了它一小块指甲大小的莴苣，结果被它拒绝了。看来在开始吃食之前，它需要晒一会儿太阳，让自己成熟一点。

知识百宝箱

　　我们观察蝗虫会发现它们一般都有一对触角。原来这对触角是蝗虫的主要感觉器官，它是接受外来化学信号的主要器官。科学家研究发现，不同的蝗虫，触角类型也不太一样，功能也不同。但总体来讲，蝗虫的触角会辨别周围的环境好坏，然后通过神经系统对环境做出反应。蝗虫触角在选择食物、寻找产卵地点方面起着重要作用。

蝗虫的最后一次蜕皮

我刚刚见识到了一件令人激动的事：蝗虫的最后一次蜕皮，成年蝗虫从幼虫的外壳中脱身而出。这个过程既令人激动又让人难忘。这次我所观察的对象是蝗虫界的巨人——灰蝗虫。在葡萄收获的九月份，灰蝗虫们经常会在葡萄园里出没。由于它的身体有人的手指那么长，这样观察起来，会比任何蝗虫都适合。

灰蝗虫的幼虫体形肥胖，身体呈现出浅绿色，也有身体呈蓝绿色、暗黄色、棕红色的幼虫，甚至还有与成虫一样披着相同灰色外衣的幼虫。它们前胸上布满了细小的白色斑点和瘤状的突起物。粗大的后腿镶着红色饰带，长长的小腿两面有一些像锯齿一样的刺。鞘翅还只是一双三角形翼端，延续着前胸的流线型。鞘翅的下面是两条很细的带子，这是翅膀的萌芽。

当它即将蜕变时，整只蝗虫是倒挂着的，用后腿和中腿抓住钟形罩的丝网。脱皮的姿势摆好后，先要做的是让旧外套裂开。它前胸后面的尖端下方和后颈前端交替胀缩着，血液在那里波浪般地涌动着，撞击着外壳。外壳受到牵拉，最终沿着整个前胸上一条阻力最小的细线裂开。裂缝略微向后延伸，往下到翅膀连接处之间；向头部则延伸到触须，并在那里向左右分出一条短小的枝杈。沿着这条缺口，昆虫的背部裸露出来，并且逐渐地隆起。

接着，头也抽了出来，连最细微的部分都能看见，只是它的眼睛不再到处张望，而触须的外鞘没有丝毫皱纹，也没有什么变化，仍然保留在变得毫无生机，而且有些半透明的脸上。下一步就是蜕去前腿和中腿上面的臂铠和手甲了。它用长长的后腿的爪子抓住网罩，头冲下垂直悬吊着，悬吊的支点是四个细小的弯钩。此时，要是它松开或者不小心脱了钩，就完了。因为除了在空中，它无法在别的地方展开它那巨大的翅膀。

现在，鞘翅和翅膀出现了。它们像四块狭小的破布片一样，上面有些隐隐约约条纹状的沟，长度几乎还不到最终长成之后的四分之一。它们非常柔软，支撑不了自身的重量，只能垂在身子两侧。它们自由的那一端本应该向后，可是现在却朝着虫子倒挂着的头部，就像在一片肉质草叶中，有四片小叶被暴雨打得耷拉了下来，蝗虫的飞行器官现在竟然是这样可怜巴巴的。

它们为了让事情按要求达到几乎完美的程度，还必须深入地做一些工作，这就是用黏液加固，将不成样子的外壳塑造成形。可是，从外面看，还没有任何迹象表明里面已经开始工作了。从外面看，蝗虫似乎了无生气。

慢慢地，粗壮的大腿也蜕了出来，蜕皮过程很轻松，把大腿收缩一伸就差不多了。可小腿就不同了。蝗虫成年后，它的整条小腿上竖着两排坚硬的小刺，下部顶端还有四个有力的弯钩，可以和货真价实的锯子媲美。而幼虫的小腿也有这样的构造，因此也是裹在相同装置的外套里。每一个弯钩都被套在另一个一模一样的钩壳中，每一个锯齿都被嵌在另一个相似的锯齿槽中，咬合得严丝合缝。而蜕完皮后，这些外壳不会有丝毫损伤。如果不是亲眼看见，我还真不相信，蝗虫的小腿护甲表面完好无损。无论是末端的弯钩还是那两排小刺，都没有在精细的外壳上留下任何刮痕。

蝗虫的小腿刚刚蜕出来的时候已经有锯条的齿状结构，但并不是特别尖利。随着小腿慢慢脱出，它们便渐渐竖起来变得坚硬。这是一个诞生的过程，其速度之快，让我们感到吃惊。蝗虫的长腿抽出来了，看起来很嫩，在静静地等待成熟。肚子也蜕皮了。肚子的上端目前还在外壳里，但只需要持续一小段时间。蝗虫被护腿甲的小爪子吊着，虽然整个蜕皮工作细致而漫长，但这四个小钩一直没有脱落。

蝗虫一动不动而且腹部逐渐凸起，像是被体内储存的体液撑大的。二十分钟过去了，悬挂着的蝗虫背脊一用力，便立起来，抓住旧壳。然后，它用四条前腿将自己固定在纱网上。这时，肚子的末端已经完全出来了。随着最后一次蝗虫身体的摇摆造成的晃动，蜕下的皮就一下子掉在了地上。

只要蜕皮的过程没有完成，蝗虫的那些小钩就一直会紧紧地钩住。而只要一切完成之后，它的旧壳就会被震下来。可见蝗虫在整个过程中是多么小心细致和精确呀。如果它因用力过猛而掉下来，蝗虫要么会死去，要么就会永远展不开翅膀。蝗虫不是把自己拔出来的，而是从外套中滑出来的。鞘翅和翅膀脱出外鞘之后，仍然是一些长着竖细条纹的残肢。这个步骤要到蜕皮的一刻才发生，这时昆虫已经完全出来，而且恢复了正常的姿势。

　　接着，蝗虫头朝上转过身来，将鞘翅和翅膀恢复到正常方向。这时，翅膀完全展开，像一把折扇。一束粗壮的翅脉呈辐射状纵贯其上，为开合自如的翅膀提供了构架。翅脉之间，许许多多的小十字方格层层叠叠，使整个翅膀变成了一张矩形网眼的网络。粗糙的鞘翅面积较小，上面也是同样的方格状网眼结构。

　　蝗虫的翅膀是从肩部开始展开的。刚开始的时候什么也看不清，一会儿就出现了一块半透明的有清晰网格的区域。这块区域逐渐增大，速度慢得连用放大镜都难以看出来。不过只要我们稍稍耐心等待，那方格织物就会清晰地展现在眼前。

　　我在显微镜下看到一片正在发育的翅膀，在编织网格的交界处，确实是有网格，而且能够看到粗壮的翅脉和横穿翅脉的十字方格。三个多小时之后，翅膀终于完全展开了。翅膀和鞘翅竖在蝗虫背上，像一片巨大的羽翼，而且在慢慢变硬，并且开始有了颜色。第二天，颜色渐渐地固定，而且翅膀也渐渐地成形，放在它们该放的地方。蝗虫的整个蜕变就完成了。

　　大个子蝗虫沐浴在幸福的阳光里，身体慢慢地变硬，外衣的颜色也在渐渐地变深。我们再回顾一下这个过程吧！蝗虫的护胸甲先是沿着流线型曲线裂开，然后四片残肢从外鞘中抽出。这四片鞘翅和翅膀虽然有了翅脉的网络，但是并不完备，而要变成宽大的羽翼，需要注入已经准备着的体液，这个过程艰苦而缓慢，随着已经布置好的管道，体液被注入进去，翅膀也就慢慢地展开了。

　　我把幼虫的一片小翅膀放在放大镜下观察，看到了呈扇形辐射的翅脉，还有许多极短的横线。翅膀组织就是由这些横线和翅脉组成。这就是未来鞘翅的简陋雏形。这与成熟后的器官有所不同，而且翅脉的辐射分布也不一样。幼虫的小翅膀不是模子，也不是简单地以自己的样子对材料进行加工和塑造鞘翅。

　　生命的诞生方式有许许多多，其中一定有许多比蝗虫的蜕变更为精妙的奇迹值得我们去探索和思考。不过，那都是在不知不觉中进行的，被时间巨大的羽翼所遮盖。如果没有观察的恒心和等待的耐心，那么时间就会向我们隐藏那些最让人震惊的场面。而蝗虫的蜕变却异乎寻常，快得出奇，所以必须全神贯注，不能放松警惕。

知识百宝箱

　　我们观察蝗虫的头部，可以看到一对大的复眼，一对触须，还有强大的咀嚼式口器。但是，它的鼻子在哪里呢？我们用放大镜仔细观察蝗虫，可以看到它的胸部和腹部两侧各有一行排列整齐的小孔，这叫作气门。气门是气体进出蝗虫身体的门户，由气门片控制气门的张开与闭合。从气门向里延伸，是分布在体内器官中纵横交错的气管和气囊，这是蝗虫体内运送气体的管道，其末端是进行气体交换的场所。原来，蝗虫的鼻子在这里啊！

黑腹狼蛛

在很多人眼里，蜘蛛是个讨厌的坏家伙。因为蜘蛛有毒，这就成了它招致人类反感的首要原因。对于一个观察者来说，蜘蛛手艺高超，善于织网，巧于捕猎，并且有着悲惨的爱情和极为有趣的生活习性。它对我们人类来说并没有什么危险，还不如一只库蚊蜇得疼呢。

不过，有一些蜘蛛还是很可怕的，像红带蜘蛛、球腹蛛还有狼蛛。当卡拉布里亚①的农民对我讲他们那里的狼蛛时，当皮若②的收割者对我讲他们那里的死神球腹蛛时，当科西嘉③的耕作者对我讲他们那里的红带蜘蛛时，我对这些进行了一些了解。这些蜘蛛以及其他一些蜘蛛

---

① 是意大利南部的一个大区，包含了那不勒斯以南像足尖的意大利半岛。
② 欧洲地名。
③ 位在法国本土的东南部。

确实符合它们恶毒的名声。所以，遇到这些蜘蛛的时候，我们一定要当心。

在我们这个地方，最强壮的是黑腹狼蛛。黑腹狼蛛的身材并不是特别大，身体朝下的那一面，尤其是肚子下面，装饰着黑色丝绒，腹部有棕色的人字形条纹，爪上画着灰色和白色的圆环。它多居住在干旱多石，以及在太阳炙烤下百里香茂盛的地方。在我的荒石园实验室里，有二十多个黑腹狼蛛的洞穴。我只要经过就会向它们的居所看一看，只见那里闪亮着四只大眼睛，就像钻石一样，那是一只黑腹狼蛛的四只望远镜。它另外还有四只眼睛，可是太小，在这样的深度看不见。

如果想看到更多的狼蛛，只要到邻近高地上去就行了。这块干旱多石的地方是狼蛛的乐园。我只要用一个小时就能找到上百个狼蛛窝。狼蛛窝都是些有一尺多深的井，先是垂直的，然后弯成拐角。平均直径为一寸。井口上竖着一个栅栏，用稻草、细枝以及很小的石子围成。围栏都用蛛丝固定着。这些栅栏的材质取决于狼蛛能在住所附近找到什么材料。

根据不同的建筑材料，围成的防御围墙不一样，高度也不同，不过无论哪种围墙都由蛛丝固定，而且宽度也跟地道一样。如果在泥地，狼蛛窝的形状就不会受到限制，是一个圆柱形的管子；要是在多石的地方，窝的形状就要取决于挖掘的要求了。在这种情况下，狼蛛的居室常常是一个粗糙的洞穴，弯弯曲曲，洞壁上还时不时地突出一块石头，那是挖掘时从石块边上绕过的缘故。无论狼蛛的洞窝是规则的还是不规则的，都会被涂上一层厚厚的蛛丝以防止坍塌。

　　如果想捉住狼蛛，我们需要好好地思考一番。我把一根麦秸尽可能深地插入狼蛛窝里，将它转来转去。狼蛛被这陌生的东西碰到，就一口将麦穗咬住。我感觉到一丝细微的反应，就知道这虫子中计了，它咬住了麦秸的顶端。于是我慢慢地、小心翼翼地把麦秸往外拉，而狼蛛则用力往下拉。当它来到垂直的通道时，要是看到我，就会立刻逃回洞底。如果狼蛛感觉到自己被引出了洞，它也会立刻返回。所以，在它快出地面时，我会猛力一拉。狼蛛来不及松口，就被扔到离洞口几寸开外的地方。一旦离开了洞穴，狼蛛就会被易如反掌地抓住。

　　另外一种方法更简单，只要把一只熊蜂装进一个细颈小瓶，瓶口的大小和狼蛛的洞口一样，然后把它卡在洞口。这只虫子看到洞穴之后会毫不犹豫地钻进去。这下它可惨了：熊蜂下去的时候，狼蛛正好上来，它们在垂直的地道中相逢。一会儿，熊蜂就没了声音。只要移开玻璃瓶，用长柄钳伸进洞里，夹出死了的熊蜂，而此时狼蛛不愿放弃如此丰盛的战利品，也跟了上来。然后，只要封住狼蛛的洞口，狼蛛就在劫难逃了。

　　熊蜂的螫刺和狼蛛的咬伤同样可怕，可为什么每次都是狼蛛获胜呢？用熊蜂做试验是无法得到答案的。因为熊蜂钻进了狼蛛洞，我们无法看到。此外，用放大镜在熊蜂的尸体上也找不出任何伤口。我试着把狼蛛和熊蜂关在同一个玻璃瓶中，可双方谁也没有挑起争斗。我把熊蜂换成蜜蜂和胡蜂，实验成功了，但谋杀发生在夜里，我并没能观察到。囚犯对自己处境的担忧，淡化了它作为猎人的热情。

　　狼蛛只有在自己的城堡里才会斗志昂扬，所以我打算把决斗送到它的家门口。如果能让狼蛛接受它的话，紫木蜂一定是狼蛛的对手。于是，我将一些紫木蜂装在一个瓶颈很宽的瓶里，这些瓶子的口，恰好能卡住狼蛛窝的洞口。紫木蜂在瓶里嗡嗡地叫着，狼蛛到了洞口，但并没有跨出门槛。终于，一只狼蛛突然从洞里跳了出来。一眨眼的工夫，一切都结束了：强壮的紫木蜂死了。狼蛛准确无误地直取猎物的命门，将毒獠牙插入对方的脑神经节。

经过这样几次观察，我已经看得很清楚了，狼蛛是不折不扣的"刺颈师"。于是，我在书房为狼蛛设立了一个养殖园，以测试它毒液的毒性，以及獠牙咬在昆虫不同部位上所产生的效果。如果说狼蛛不敢主动攻击跟它一起关在广口瓶里的对手，那么对待那些送到它獠牙边的对手，它会毫不犹豫地张嘴便咬。我把猎物送到狼蛛的嘴边，它的獠牙立刻就会张开，刺到对手身上。无论伤口在哪里，过不了多久，紫木蜂准会成为一具尸体。通过实验，我们知道如果猎物被刺中脑部，就会当即死亡，而如果刺中的是其他部位，比如腹部，那么猎物还能反击，这样的话狼蛛就非常危险，甚至很可能会搭上自己的性命。

实验的第二组对象是直翅目昆虫，有一指来长的绿蝈蝈儿，肥头大脑的螽斯、距螽等。它们被咬中颈部后的结果一样，都立即死亡了。这些被选中的昆虫如果是体形最大的那种，只要它被狼蛛咬中颈部，就会立即死亡；如果被咬中的是其他部位，它也会死，只是垂死的时间因昆虫种类的不同而长短不一。

可见，猎手盲目乱咬，很可能送了自己的性命。如果没有一下子将对手击倒，就会激怒它，使它变得更加危险，这一点狼蛛十分明白。所以它总是在等待有利的时机，只要弱点暴露在狼蛛面前，它定能轻易地抓住后者的颈部。否则，就会对不停飞动的猎物感到厌倦，这就是为什么我两次总共用了四个小时的时间，才观察到三次谋杀。

我让狼蛛在一只小麻雀的腿上咬了一口，马上小麻雀的伤口就流出了一滴血，四周出现了红晕，接着变成了紫色。麻雀几乎立刻就提不起腿了，只能用另一条腿跳着走。不过，实验对象似乎对它的伤口并不怎么担心，它的胃口很好，我相信它用不了多久就会痊愈恢复体力的。十二个小时后，痊愈的希望增加了，可那条腿还仍然拖着。可第三天，小鸟拒绝进食了。它什么都不吃，并且痉挛越来越频繁。最后，小鸟死了。接着，我又让狼蛛在鼹鼠的嘴角咬了一口。放回到笼子里后，鼹鼠不停地用脚挠嘴巴。看来，被咬的地方在灼疼、发痒。被咬后大约三十六个小时，鼹鼠也在夜里死了。

可见，黑腹狼蛛的螫咬不仅能杀死昆虫，它还能毒死麻雀和鼹鼠。至于其他动物，我就没有再继续研究下去。不过，根据这些实验的情况，我觉得对于人类来说，黑腹狼蛛的螫伤绝不是无关紧要的意外。

知识百宝箱

　　科学家们还对狼蛛的行为特点进行了深入研究，他们发现狼蛛的行为特点并不像原先人们认为的那样原始和简单，而是非常复杂多样。它们会跳非常复杂的舞蹈，这种舞蹈是种求婚舞。而且狼蛛具有超凡的辨识能力。它们有一种不同寻常的气味辨识器官，能在几十米外闻到自己洞穴中的特有气味。而且狼蛛能对鱼缸里不同颜色的砂石进行分类，把颜色相近的砂石排列在一起。

彩带圆网蛛

　　严冬里，当虫儿不再忙碌，观察者正好利用这个时机翻沙搬石，在荆棘丛里搜寻，并时常会为某一件偶然发现的质朴艺术品所感动。有这种发现让人感到满足，这样单纯的人是幸福的！尽管生活随着时间流逝会愈加坎坷，我还是祝愿那些单纯的人能和我一样，享受这种发现曾经带来并持续享有的快乐。

　　在柳林和矮林中，一件精美艺术品会展现在勤劳的搜寻者面前，这是蜘蛛的杰作——彩带圆网蛛的巢穴。彩带圆网蛛可谓是法国南部最美丽的蜘蛛。它的腹部像榛子那么大，里面装满了蛛丝，上面点缀了黄、银、黑三色相间的条纹，彩带圆网蛛这个美名也就是由此而来。它圆溜溜的肚子周围有八条长腿，每条腿上都有着浅色和棕色的彩环。

彩带圆网蛛是一个大胃王，它会为捕猎自己的食物选择安营寨扎的地点。无论是否有蝈蝈活蹦乱跳，蝴蝶轻盈盘旋，蚊蝇自在翱翔或是蜻蜓翩翩起舞，只要有结网的支点，它就会在那里安营扎寨。在小猎物面前，彩带圆网蛛从来不挑食，所有的小猎物它都喜欢吃。但是，它喜欢在灯芯草间结一张横跨小溪两岸的网。茂密的矮橡树丛和铺着薄薄绿毯的小山坡，因为有蝗虫的存在，彩带圆网蛛也同样能够安家。

　　彩带圆网蛛的捕猎工具是一张垂直张开的大网，网的周长取决于它选择的地点，网四周有许多条缆丝连在附近的小树枝上。这种结构也为其他结网的蜘蛛目动物所参考。从一个中心点辐射出几根笔直、等距的线。在这样的结构上，一根蛛丝由中心点向外围连绵不断地螺旋前进，与辐射线交叉形成十字。其规模与图案之规则实在令人叹为观止。在蛛网的下部，由中心点垂下一根不透明的宽带，弯弯曲曲地穿过辐射线。这是彩带圆网蛛所织的网的标记。当蜘蛛在辐射线完成自己的螺线圈时，内心无比满足。

　　彩带圆网蛛不能选择自己的猎物，因此对蛛网的加固显得尤为重要。它稳居蛛网的中心，守株待兔一样静等猎物送上门来。猎物有时是飞行中的傻瓜蛋，有时是跳跃过猛的大块头。特别是蝗虫，只要放开腿脚乱蹬，它就自以为能当即把网捅破，但事实并非如此。要是蝗虫第一次无法挣脱，那么它就完了。这时，彩带圆网蛛背对猎物让蛛丝射出，随着彩带圆网蛛的两条后肢飞速地交替合抱。它的丝囊是制造丝的器官，上面有细孔，就像洒水壶的莲蓬头。它的后腿比其余的腿长，而且能张得很开，所以射出的丝能分散得很开。这样，它从腿间射出来的丝

已经不是一条条单独的丝了，而是一片丝，像一把云做的扇子。然后它就用两条后腿很快地交替着把蛛丝向蝗虫撒去，将猎物从各方面裹得严严实实。

这很像古代的角斗士。将要与猛兽搏斗的角斗士出现在竞技场上，他左肩上挂着一条绳网。野兽一跃而起，角斗士右手猛地向上一抛，撒开大网，就像渔夫将渔网撒开时那样洒脱。接着，他将野兽罩住，并用网眼缠住其手脚。最后，三叉戟的一击结果了战败者的性命。彩带圆网蛛也是这竞技场上的勇士。它采用的方法与角斗士相同，但它还有一个优势，即可以用蛛丝重新缠绕猎物。如果第一次吐出的丝不够用，紧接着还可以来第二次，第三次，一次又一次，直至它的蛛丝储备用尽为止。

当里面的动物不再有动静了，蜘蛛才接近被捆住的猎物。它轻松地对蝗虫轻轻咬一口，然后只需静等猎物因中毒而虚弱下去。这时，它就接近猎物开始吮吸，直到将其吸干。最后，那残骸将被丢出网外，而蜘蛛又回到网的中心，再次静候猎物的到来。彩带圆网蛛吮吸的是一只被毒液麻痹的猎物，一旦猎物被救下，它很快就会恢复知觉。

在生儿育女方面，圆网蛛更是才华横溢。彩带圆网蛛用来盛放蛛卵的蛛巢，像鸽子蛋那么大，形如一只倒置的气球。丝袋的上端像梨形，开口处齐平，镶着月牙边，从每一个月牙的交角处延伸出揽丝，将其固定在四周的小树枝上。丝袋顶端覆盖着蛛丝毡子。其他部分是一整个外壳，由缎状物制成，密集厚实而且难以扯破。这些织物的作用是一个防水顶盖，无论是露水还是雨水都无法穿过。为了保护袋里的卵，尤其是为了抵挡寒冬的侵袭，丝袋的底部有一层厚厚的棕红色蛛丝，像极其细腻的棉絮。这就构成了防止热量散失的屏障。在羽绒褥子中间，悬着一个桶形小包。小包由极其细腻的缎状物织成，里面盛有橘黄色珍珠般的美丽蛛卵，它们类似于豌豆大小。这就是蛛丝褥子要保护抵御严冬的珍宝。

彩带圆网蛛在夜间完成它复杂的编织工作。八月中旬，我的观察对象开始在钟形罩下工作。在钟罩内部上方，它先用几根紧绷的蛛丝搭起了脚手架。蜘蛛绕圈前进，而且肚子末端摇摆着，用后肢牵伸着蛛丝，将其粘到已经搭好的脚手架上。这样，一个缎状物织成的盆就逐渐成形了，并且随着边缘的升高，最后形成一个高约一厘米的袋子，在袋子的收口处，蜘蛛用一些揽丝将它与附近的其他蛛丝相连。接着蜘蛛从卵巢中排出蛛卵，一直漫到袋口。蜘蛛排完卵退下后，吐丝器就又开始给袋子封口了。吐丝器先前吐出的是白色蛛丝，而现在却成了棕红色的呈云雾状的蛛丝，盛卵的袋子渐渐湮没在这精美的丝绒中。

接着，编织外壳的时候到了，洁白的蛛丝重新出现。这项工作耗时最多。它先用几根蛛丝支撑住那层棉絮，过不了多久，支撑悬挂丝袋的花边勾勒出火山口形袋口。接着，蜘蛛用类似刚才封卵袋用的毡子把袋口封好。这些安排妥当之后，圆网蛛开始真正编织丝袋的外壳。它的吐丝器并不接触织物，而是用足节前端将丝抓住，粘贴到织物上。这样的工序在整个丝袋的表面反复进行。

隔不了多久，蜘蛛的腹部就往上移动靠近气球状丝袋的开口处，这时吐丝器才真正碰到流苏般的边缘。从整个建筑来讲，这是整个丝袋最棘手的地方。这里的丝线是粘连着的，其他部位的蛛丝则可以被退绕开来。

织完后，蜘蛛编织出一些不规则的棕色细丝带，从球体连接外部的边缘一直垂到丝袋的中部。为此，它使用了一种介于棕红与黑色之间的深色蛛丝。吐丝器大幅度地在两端纵向摆动，吐出蛛丝，再由后肢任意地将它造成丝带。这个步骤完成之后，蛛巢就大功告成了。蜘蛛看也不看一眼这卵袋，就慢慢地离开了。剩下的事情和它没有什么关系了，时间和阳光会代它去做。

当彩带圆网蛛感到自己死期即将到来，就会爬下网来。它在附近坚韧的禾本科植物丛中，用仅有的蛛丝织好了一顶神圣的帐篷。它为了这项工程，耗尽了吐丝器中的蛛丝。它已经没有必要爬回网中，也没有重归自己的猎场，因为它已经没有可以用来捆绑猎物的蛛丝了。而且，它以前的那种好胃口也消失殆尽。此时的圆网蛛已经有气无力，形容憔悴地挨过几天后，就死去了。这就是发生在我那些钟形罩下的事情，想必在荆棘丛中也是如此吧。

知识百宝箱

　　蛛丝是一种骨蛋白，在蜘蛛体内呈液体状，排出体外遇到空气便硬化为丝。网的外沿牵引线和放射状的半径线是干丝，它们基本上不具黏性，可称为主导索。在这个骨架上的那一圈一圈的螺旋线是湿丝，它们不仅具有很强的黏性，而且也极富有弹性。科学家们在扫描电子显微镜下观察，发现湿丝上布有一滴滴细小的珠状胶黏液体，它的成分80%是水，其余为氨基酸、油类、盐的混合物。更令人惊奇的是，每一滴珠状体内都含有一卷丝线。蛛网上的猎物挣扎时，那一卷卷丝线随之松开伸直，这就大大增加了丝线的长度。这种独特构造的蛛丝，堪称是一种精巧绝伦的弹簧。

蟹　蛛

　　"蟹蛛"这个名字，悦耳、形象，它和蜘蛛类、甲壳类动物有明显的相似之处。蟹蛛横着行走像螃蟹一样，只是蟹蛛的前足比螃蟹少了那对护手甲。它不像其他蜘蛛那样，通过结网来捕获猎物，只是埋伏在花丛中，一旦猎物一出现，它就一口咬住猎物的颈背。

　　蜜蜂来了，它用舌头在花丛中探测，不一会儿，就沉浸在采蜜的工作中了。当蜜蜂装满了蜜，将嗉囊胀得鼓鼓的时候，蟹蛛便从隐藏的地方绕到忙碌的蜜蜂身后，偷偷地向它接近，然后猛冲上去突然咬住它的脑后根。蜜蜂抗争着，螫针一阵乱刺，但攻击者丝毫没有松手。蟹蛛只需在蜜蜂后颈上一咬就破坏了后者颈部的神经节，过不了多久它就蹬着腿脚死去了。蟹蛛在吸完蜜蜂的血之后，又重新潜伏起来，等待屠杀另一名采蜜者。

　　"蟹蛛"一词来源于希腊语，在希腊语中的意思是"用绳子捆"，但是，蟹蛛并不将蜜蜂捆起来，而是通过叮咬后颈让猎物突然丧命。几乎所有的蜘蛛都有一只大肚子，那是蛛丝的仓库。作为筑巢高手，蟹蛛和其他蜘蛛一样，它的肚子里储藏着足以为后代编织温暖巢穴的蛛丝。

　　蟹蛛这种捕杀蜜蜂的刽子手害怕寒冷，在我们这里它从来不会离开橄榄树的生长地区。它偏爱的灌木是岩蔷薇，在岩蔷薇的花丛中，蜜蜂们满腔热情地采着花蜜。它们身上沾满了黄色的花粉。蟹蛛知道它们会在这里采蜜，便守候在玫瑰色花瓣下，准备伏击。只要看到有一只蜜蜂一动不动，我们就能判断十之八九就是蟹蛛在那里刚刚得了手。

　　这种杀死蜜蜂的杀手是很漂亮的动物，它形似金字塔，而且底部的左右两侧都长着驼峰形的突起。蟹蛛们的皮肤有些是奶白色，有些是柠檬黄色，看上去比缎子更柔滑。还有的蟹蛛在腿脚上戴着许多粉色的镯子，脊背上有鲜红的涡旋状纹路。这身打扮朴实无华、精巧细致、色彩和谐。

　　蟹蛛也喜欢在高空建巢，它会在岩蔷薇树上选择一根长得很高，而且因酷热而干枯的树枝，树枝上面吊着几片已经蜷曲成小窝棚的枯叶。蟹蛛就在这里安家筑巢，准备产卵。

　　蟹蛛朝各个方向摆动着，上下穿梭，迅速编织出一只袋子来，而袋子的侧壁和四周的枯叶合为一体。蟹蛛产卵后，就用白色蛛丝织出一个盖子，将卵袋密封起来。最后，再在巢的上方拉出几根蛛丝，这薄薄的帘子就被用来做床顶，同时也与那些叶子的拱顶围出一个凹室，作为母亲的住处。

这里是蟹蛛产后休养的地方，而且还是一个监测哨，母亲在那里一直坚守到小蜘蛛迁徙的时刻。蟹蛛在产卵和消耗了蛛丝之后，变得十分消瘦，现在只能为保护它的巢穴而活着。一旦外面有情况，它马上就会冲出哨所。我用草叶招惹了它几次，它大动拳脚加以反击。它用拳头对付我的武器。为了做试验，我打算让它离开巢穴。可它不想离开自己的宝贝。这顽固的家伙刚被我撵出窝，就又回到自己的岗哨里去了。

　　岩蔷薇上优雅的蟹蛛也并不是非常高明。只要把它从自己的巢穴转移到另一个同样的巢穴，它便再也不走了。也就是说，只要脚下有蛛丝织成的缎子，它就察觉不出自己的错误。它高度警惕地看守着另一只蟹蛛的巢，就像看守它自己的巢一样。

　　五月底，产卵的任务完成后，雌蟹蛛就会日夜坚守在自己的掩体里。我想要是有蜜蜂当食物，它一定会高兴的。可实际上，它们此时对一直以来酷爱的蜜蜂没了任何兴趣。钟形网罩里，蜜蜂就在它的身边唱歌跳舞，要抓住实在是太容易了，但这却一点儿用也没有。蟹蛛寸步不离它的岗位，对再美味的猎物也不理睬。它现在只是依靠本能的母性而活着，这种精神固然值得颂扬，但对于自身来讲却是一种折磨。它在等待自己孩子的出生，垂死的母亲对它们还要有所贡献。

　　蟹蛛卵袋的外部表面大部分都衬着一层树叶，很难扯开，而且盖子不容易打开，因为上面被封得很紧。当一窝小蜘蛛出生之后，在圆形开口的边缘可以看到一个小洞，这是它们为出去而打开的小天窗。面对这种料子又厚又结实的卵袋，这些年幼体弱的小蜘蛛是不可能将它打开的。因此，只要是蟹蛛母亲感觉到了蛛丝顶篷下孩子们迫不及待出去的信息，就会在袋子上打开一个洞。这样不吃不喝地坚持五六个星期，仅仅就是为了用最后一口气为孩子们咬开出去的通道。一旦孩子们出来，它也就任凭生命逝去，身体贴在巢中，慢慢地成了一堆干瘪的枯骨。

一到七月，小蟹蛛们就出来活动了。我预料到这些年轻的小生命喜欢表演杂技，便在钟形罩顶放置了一束纤细的小树枝。这些小家伙们全都穿过了丝网，聚集在小树枝的上面，并用交叉的蛛丝在那儿织了一张休息地。此后的两天时间，它们在安静地等待着时机的来临。

那束爬满小蟹蛛的树枝被我放在一张小桌子上，桌子在阴凉处，正对着打开的窗户。过了没多久，小蟹蛛们便开始迁徙了，既缓慢又混乱，而且还犹豫不决，有的往回爬，有的从蛛丝一头往下掉，还有的往上。总之，整个迁徙动静不小，但是却没有多大效果。

这样一直过了很久，急于离开的小蜘蛛都到了树枝上。中午时分，我决定将那束小树枝放到窗台上，暴露在强烈的阳光里。过了几分钟，整个景象完全改变了。迁徙者们爬向小树枝的顶端，许多只腿脚同时从吐丝器里拉出丝绳来，随风四处散开。

三四只小蟹蛛同时出发，方向各不相同。它们全都沿着一个支撑物往上爬，在这些攀登者的身后，它们走过的道路清晰可见。当小蟹蛛们爬到一定高度后，就不再往上爬了。从上面往下看这些小动物，被太阳照得闪闪发光。它们就这样懒洋洋地荡着，外面轻轻地吹来一股微风，这些飘荡的缆绳被吹断了，小蜘蛛飞了出去，被自己的降落伞带着走了。它们渐渐远去，像一个发光的亮点，清楚地显现在二十步开外的暗绿色柏树丛中。它们继续向上升着，越过柏树的屏风慢慢消失在视线里。其他小蟹蛛也这样，尾随着它们随风出发了。它们四散开来，有的飞得更高，有的飞得较低，方向各不相同。

现在，蜘蛛群已经完成了准备工作，大批的小蟹蛛随风而去，各得其所。这样，小树枝的顶端不断地蹿出一些小蟹蛛来，它们就像被射出的微小子弹，向上升起就像绽开的花朵。最后，小树枝成了一束焰火，一组同时射出的火箭。小蟹蛛们在阳光下好似燃烧着射出耀眼的光芒，这真就是活的焰火，火星四溅。多美丽光荣的出发方式啊，它们这样出神入化地进入了这个世界！

小蟹蛛们为了生活，想要得到食物就不得不这样降落。因为蟹蛛降落了，重力对它并不造成危险。在能够捕食蜜蜂之前，小蟹蛛以什么食物为生呢？这些小不点儿又是怎样对付那些伤害它们的精灵呢？面临着严寒，它们又该如何度过呢？这些我无从知晓。当春暖花开的时候，我们在花丛中又会见到它们，那时它们已经初长成，而且开始潜伏在蜜蜂采蜜的花丛中捕猎了。

知识百宝箱

有些动物会伪装成其他生物或者非生物，以诱骗猎物躲避天敌，这种行为被称为拟态。例如，竹节虫模拟竹枝，枯叶蝶把自己伪装成枯叶的样子。

有科学家研究，雌性蟹蛛在不同的花朵上可以成功地躲避过昆虫和鸟儿的眼睛。蟹蛛潜伏在花朵上，把自己身体的颜色变得与花朵极其相似，这样既能够迅速地捕获蜜蜂等昆虫，也能够有效防备被鸟儿吃掉。

迷宫蛛

　　我已经走遍了周围的田野，这时步伐虽然有些疲惫，可目光却时时保持警惕。在这些地方，我发现的最普通蜘蛛，就是迷宫蛛。只要是在树荫下的草丛里或者安静向阳的地方，都会发现几只迷宫蛛躲在那里。而在旷野里，迷宫蛛喜欢在起伏不平、被人砍得精光的荆棘丛里安家。我正是去这种地方，因为这些地方的荆棘丛相互之间有距离，而且非常和善，便于我进行搜寻工作，而树篱则比较冷酷，有时会使搜寻工作无法进行。

　　太阳出来三十分钟左右，蛛网上面的露珠很快就蒸发消退了。这时是观察蛛网的好时机。这一张有手帕大的蛛网，拉在一大蓬岩蔷薇上，丝线将其牢牢地固定在荆棘上。荆棘丛所有突出的细枝都被用作蛛网的支点。纵横交错、绕来绕去的蛛网把荆棘丛盖住，像是披了一层白色的细软薄纱，完全看不见了。

这个像火山口的蛛网采用了不同的编织方法。它的边缘是由稀疏的丝线织成的纱，往中间渐渐成了轻柔的细纱，然后又变成了绸缎。在远处是略微呈菱形的格状网，而且坡度很陡，而蜘蛛经常停留的地方则是一块结实的绸子。

蜘蛛不停地编织着自己的观察台。它每个夜晚都会去巡视，看看自己设下的陷阱，并增添新的蛛丝，来拓展自己的地盘。编织工作是通过吐丝器来完成的，随着蜘蛛身体的移动，蛛丝从叶丝器中便被源源不断地拉出来。和蛛网的其他地方相比，蛛网漏斗形的地方是蜘蛛去得最多的，因此那里的地毯铺得最为厚实。再往里是火山口的斜坡，蜘蛛也常常到那里去。这个地方的蛛丝呈辐射状，被勾勒得像火山口。蜘蛛摇晃地走着，通过尾部附属器官的帮助，在辐射状的蛛丝上织出菱形的网格。蜘蛛在夜里经常会来看一下，因此使这一区域得到了加固。最后是一些蜘蛛不常走动的地方，铺的地毯则有些单薄。

蛛网上面简直是绳索交织的密林，像是被风暴袭击后无法控制的船只上的绳索一样。这些绳索从每一根支撑它的小树枝出发，和每一根枝丫的顶端相连。它们有的长，有的短，有的垂直，有的倾斜，有的笔直，有的弯曲，有的紧绷，有的疏松。所有绳索之间都交错缠绕，混乱得无法理清头绪，向上一直延伸到大约两个手臂的高度。除非拥有超强的弹跳力，否则谁也无法穿越这个乱绳套组成的迷宫。

为了见识一下这罗网的功效，我把一只小蝗虫扔到上面。蝗虫在上面摇摇晃晃的，失去了平衡。它越是乱蹦乱跳地拼命挣扎，越是把绊脚

的绳索搞得混乱。迷宫蛛在洞口等待机会，并不急着冲上前去，而是等着猎物被绳索缠绕，最终掉到蛛网上来。

在蝗虫掉到网上之后，蜘蛛便爬出来，向猎物扑去。这种进攻并不是没有任何危险。蝗虫并非被牢牢地网住，而是有些低落地停止了挣扎，它不过在腿上拖着几根挣断的丝线而已。迷宫蛛却不理会这些，它并没有像圆网蛛那样，用层层蛛丝把猎物裹起来，而是用爪子拍打猎物，猛地将獠牙插入猎物的身体。

我们曾经看到，圆网蛛并不吃猎物的肉，而是吸取它的血。但是，在长达几个小时的消化过程中，圆网蛛会惬意地重新拣起被吸干的猎物，放在嘴里嚼成烂糊糊的一团。它把这看作餐后吃着玩的甜点。然而，迷宫蛛却不会享受这种消遣，在吸干了猎物之后，它就把空壳扔出了网外。尽管吃一顿饭的时间很长，但整个用餐过程却是非常的安全。蝗虫刚刚被咬完第一口，就被迷宫蛛的毒液一下子杀死了。

当产卵期到来时，我看到一张空空荡荡，但完好无损的蛛网。我们用不着到支撑蛛网的那片荆棘丛里去寻找，而是应该在周围几步远的范围内进行搜索。如果那里有一丛低矮茂密的植物，那么蜘蛛的窝就一定建在那里。窝是蜘蛛出生的真实标志，这里面一定有一只蜘蛛。

八月中旬，迷宫蛛的产卵期到了。我把六只迷宫蛛分别放进铺着沙土的瓦罐里，罩上钟形金属罩。罩子中央插着一根百里香的枝条，用来充作建筑卵窝的支点。四周的金属纱网也被用作同样的用途。除此以外，就没有其他的摆设了。这里面没有枯叶，因为如果雌迷宫蛛用枯叶盖在上面的话，就会使卵窝变形。我每天给这些蜘蛛一些蝗虫作为食物。只要蝗虫的肉质嫩、个头小，就一定能受到它们热烈的欢迎。

　　迷宫蛛为了避免居心叵测者前来掠夺卵袋，会在住所之外选择一个隐蔽处，远离显眼的蛛网。当感觉到自己的卵巢成熟时，它乘着夜色去附近勘察地形，准备搬家，寻找一个危险较小的栖身地。产卵的理想场所是那些矮灌木丛，即使在冬天也有密密的绿叶，而且地上铺满了从邻近橡树上掉下来的枯叶。在贫瘠的岩石上，茂盛的迷迭香丛可以得到那些长在高处的迷迭香得不到的营养，它们对蜘蛛母亲尤为合适。在经过长时间的搜寻之后，我就能够在那里找到迷宫蛛的卵窝。

　　小蜘蛛孵化后，并没有离开那个袋子，它们要在那条柔软的棉被里度过冬天。母亲继续守护着，不停地吐丝编织，但它的活力却每天都在下降。它吸食蝗虫的间隔越来越长，有时甚至对我扔进罗网的食物也不屑一顾。这种绝食的情况越来越严重，这表明它在小蜘蛛出生之后逐渐衰弱下去；它纺织的工作也逐渐缓慢，最后终于停止了。

　　又过了四五个星期，蜘蛛母亲缓慢地巡视着，幸福地聆听新生儿在卵袋里的骚动。在十月结束的时候，它再也没有气力了，抓着蛛丝卵袋，形容枯槁地死了。它已尽到了母亲的所有职责，接下来小蜘蛛们就将听天由命了。春天来临时，它们将从柔软的住所里爬出来，借着随风飘扬的蛛丝飞行，散布到附近，然后在茂密的百里香上织出它们的第一座迷宫。

　　不管钟形罩里的迷宫蛛造出的卵窝结构有多么规矩、蛛丝有多么纯正，它并不能使我了解到全部的情况。我还必须到野外，看一下复杂条件下发生的事情。十二月底，我们重新开始了搜寻。在一个布满乱石和树木的斜坡下，有一条小径。我们沿着这条小径，一路查看着孱弱的迷迭香丛，掀起横在地上的分杈枝条。努力总是有回报的，我在两小时之内，找到了好几个蜘蛛窝。

这些可怜的作品，已经被这个季节恶劣的天气糟蹋得面目全非了！你必须有针对性地寻找，才能在眼前的破旧窝巢上，看到钟形罩里的那幢漂亮建筑的影子。这些卵袋与拖在地上的小树枝连在一起，乱七八糟地躺在被雨水冲积而成的沙土堆中。几片橡树叶子被蛛丝胡乱地并拢在一起，将卵袋四面八方都裹住。最大的那片叶子像一个屋顶，把整个天花板都紧紧地固定住。如果不仔细辨认，我们会以为这团东西是风雨作用下偶然堆积而成的一团杂物。

只有近距离观察这团不成形的东西，才会发现这是大房间，是蜘蛛母亲的卧室。我们在剥开外面的树叶时将它撕破了，这里哨所的圆形回廊以及中央卵房和它的立柱，全都是用洁白的布料织成。在枯叶外壳层的保护下，蜘蛛住所里面的房间并没有被潮湿的泥土所玷污。

下一步，让我们打开蛛丝织成的卵舱，让我们感到吃惊的是，卵袋里装着的是一个泥核，就像是雨水夹杂着泥浆通过过滤层渗透了进来。但是，据我们的判断，这完全是蜘蛛母亲故意这样做的，而且还做得非常精心。沙砾被丝质水泥粘在一起，用手指按压还会感觉有一点硬。我们再往里会发现，在这层矿物质里面，露出最后一层丝套，裹在小蜘蛛们的周围。这最后一层保护膜一旦被撕破，里面受惊的小蜘蛛们就会立刻四散逃窜，在这寒冷而麻木的季节里，它们显得特别敏捷。

总之，当迷宫蛛在大自然筑窝时，会在两层绸缎之间，用很多沙砾和少量蛛丝建起一堵墙，围住它的卵。这样的话，由这种坚硬的石头和柔韧的蛛丝所构成的防护系统才更加牢固，更能阻挡其他强盗们的针刺或者利牙。

知识百宝箱

所有的蜘蛛都是有毒性的，只是毒性的强弱不同，对其他生物的危害程度不一样。针对蜘蛛的毒液进行研究，可以根据蜘蛛毒的不同作用分为神经毒、溶血毒、混合毒三类。目前，人类已经发现的黑寡妇蜘蛛，是蜘蛛类毒性最强、危害最大的。神经毒蜘蛛的毒素对神经肌肉传递起到干扰的作用。而被溶血毒蜘蛛咬伤后中毒者表现为皮肤局部坏死，出现水肿并伴有疼痛。混合型毒素主要起神经毒作用，也有坏死性作用。

克罗多蛛

这种蜘蛛的名字叫克罗多·德·杜朗，是为了纪念最早研究这种蜘蛛的人——德·杜朗先生——而取的。克罗多蛛和其他蜘蛛一样有着优雅的体形和服饰。在橄榄树的故乡，我们在那些被太阳烤焦的多石山坡上，寻找克罗多蛛。但是，这种蜘蛛很少见。如果幸运之神眷顾我们的坚韧不拔，那么我们就会看见，在翻起的石头下面粘着一个像半个橘子那么大，外表粗糙的窝。这个窝像是一座骆驼毛造的房子，表面悬挂着一些小土块，穹顶呈辐射状散开，边缘有十二个尖端固定在石块上的突角。

我用麦秸试探圆拱的开口处，麦秸所到之处都很坚硬，这些地方都被关得严严实实。只有一个带月牙形花边的圆拱，设计得非常巧妙，从外表上看，它的边缘分成两瓣，稍微有点儿张开。这就是克罗多蛛的门，它有弹性，能够自动关上。而且克罗多蛛在回家以后，经常用一些蛛丝把两扇门锁上。克罗多蛛的这个帐篷相比其他蜘蛛的窝巢更安全，一旦有什么情况，克罗多蛛会马上回到家里，然后打开门钻进去。门会自动关上，而且用几根蛛丝作门闩。面对这么多一模一样的圆拱，强盗们永远也不会明白克罗多蛛是怎么隐藏起来的。

克罗多蛛家居生活豪华奢侈极了，它的床比天鹅绒还要柔软，比白云还要洁白，这是完美的双面绒，上面是一个同样柔软的华盖。一只腿很短，穿着深色的外衣，背上有五枚黄色徽章的蜘蛛躺在华盖和床之间的狭窄地方。这间精致的小屋是需要绝对平稳和安全的，尤其是在暴风雨的日子里，大石头底下常常会有穿堂风。这一需求得到了充分的满足。让我们仔细看看这个居所。饰有月牙形花边的圆拱通过突出的尖角固定在石头上，像围栏似的把屋顶框住，并支撑着整幢建筑的重量。除此以外，从每一个连接点都伸出一束分枝的蛛丝，就像锚绳，也像是固定帐篷的木桩和绳子。有了这些丝线作为支点，蜘蛛的吊床就不会被连根拔起。

蜘蛛的屋内干净得一尘不染，而屋外却肮脏不堪，而且还常常会有许多堆积的动物的乱尸。显然，这些尸体大部分都是蜘蛛吃剩下的残羹冷炙。克罗多蛛在捕猎的时候采取的是围猎的方式，四处流浪寻找食物。夜晚，猎物只要是钻到石头下面，就会被克罗多蛛掐死。尸体被吸干以后，不会扔到远处，而是挂在丝墙上面。克罗多蛛住所的门口有各式各样猎物的尸体，仿佛是有意让这里变得阴森恐怖。在克罗多蛛帐篷上挂着的贝壳大多是空的，还有一些活着的软体动物。这引起了我的兴趣，为了避免无效的猜测，我想还是做个实验吧。

　　那块扁平的石头不太好搬动，要是摆在桌子上又太占地方，因此我用杉树桩、废旧奶酪盒子，或是一些小硬纸板来代替它。我把蜘蛛的丝吊床分别放在上面，用胶带纸把延伸的突角一一固定住，再用三根小短棍撑着。只要用些简单的小办法就可以让克罗多蛛把家搬到我的实验室了。我用刀把挂在石头上的蛛丝绳索割断。它是个恋家鬼，很少会逃跑。我用胶带纸把蜘蛛窝延伸的突角固定在杉树或硬纸板石棚顶上。一个蜘蛛隐蔽所就这样建成了，蜘蛛在没有受到震动和惊吓的情况下是不会轻易跑出家门的。

　　克罗多蛛的老宅因搬家而破损或变形，第二天就会建设新的帐篷。它按照老宅的建筑原则兴建，整个工程大概需要几个小时才能完工。这次新建的帐篷由两层重叠的薄网组成，所用的布料非常纤细，使原本狭小的空间变得更加狭小。为了使纤细的薄纱保持紧绷和平稳，克罗多蛛用一串串蛛丝串着沙粒挂在帐篷上，而且底部还单独挂着几块沉重的泥块，尽量降低它的重心。所有这些都是压舱的重物，起着平衡和悬垂的作用。

　　这一夜之间匆匆建成的新居，只是未来新居的雏形，克罗多蛛还需要把墙壁变成厚厚的绒布。当一切都准备好了之后，蜘蛛就会抛弃那些曾经对帐篷加压的钟乳石状沙粒，转而在房子上贴一些昆虫的残骸。这并不是用来炫耀自己的战利品，而是因为材料唾手可得。这样一来不仅加固了住所，而且形成了保护层，使整个结构更加平稳。此外，一些小贝壳和其他长长地挂着的东西，也能增加房屋的平衡。我在金属罩下的小镇里挑选了一幢大房子，为了实验去掉了外面的覆盖层，整个房子虽然漂亮，但我觉得太松垮了。或许，蜘蛛也这样认为，第二天晚上，它便开始修复它的房子。它仍然用悬挂的沙粒串的重量来保持平衡。此后，随着蜘蛛的进食，整幢房子又重新呈现出乱尸堆的模样。我们可以看出，克罗多蛛真是一个平衡学大师，它通过加重物来降低房子的重心，使整座房子既平稳又宽敞。克罗多蛛一直在家里沉思，只有在饥饿的刺激下，才会走出房门。白天它从来不进食，只有到深夜才出去捕猎，所以很难发现它远征的情况。我耐心等待到晚上十点左右，看见克罗多蛛在平坦的房顶上纳凉。或许它就是在那里等待过往的猎物。不过，它受到了我的惊吓，又马上躲了回去。而第二天的时候，它房子的墙上又多了一具悬挂着的尸体。这说明昨晚我走了以后，它又进行了一次捕猎，而且成功得手了。

十月份，我带回一窝克罗多蛛的卵。这些卵分别装在五六个像透镜一样的扁平小袋里，占据了雌蜘蛛的大部分房间。克罗多蛛的卵袋的侧壁都非常干净，用极好的白缎做成。不过，这些袋子之间紧紧相连，而且还牢牢地粘在房间的地板上。这些卵总共有一百多颗。雌克罗多蛛一直匍匐在那些堆着的卵袋上面，就像一只正在孵蛋的母鸡一样甘于奉献。产卵并没有让它虚弱，它除了个头小了点之外，气色还是不错的。那圆滚的肚子和紧绷的皮肤在告诉我们，它的任务还没有完成。

没到十一月，袋子里的小生命就出来了。这些蜘蛛与成年的克罗多蛛一样，只是更小一些，穿着深色的外衣，上面有五个黄色的斑点。小蜘蛛们整个冬季紧紧挨在一起，而蜘蛛母亲则伏在卵袋堆上，守卫着它们的安全。当炎热的六月来临时，小蜘蛛们在蜘蛛妈妈的帮助下，捅破了卵袋的墙壁。它们在门口呼吸了几个小时的空气之后，便被自己拉丝厂的第一件产品——缆绳气球带着，飞到别处去了。小蜘蛛们走后，老克罗多蛛没有变得憔悴，相反越发显得年轻。它们也离开了家，在钟形罩的网纱上为自己建造新房子。

原先的那幢房子尽管铺着厚实的地毯，但里面到处是蛛丝卵袋的废墟，而且这些卵袋很难清除。如果克罗多蛛是独自居住，最多地方小一点，但现在蜘蛛要一间宽敞的房子，为它的第二批孩子们做准备。对于克罗多蛛换房子的事情，我只了解观察到了部分情况。长期饲养克罗多蛛非常困难，我因此没有继续观察下去，也没深入研究克罗多蛛多次产卵的情况，及其寿命的长短。生物也有它们的秘密，而且更为神奇。谁也说不准，今天蜘蛛所引起的猜测，将来某一天会被科学所验证，并成为生理学的基本定理。

知识百宝箱

克罗多蛛可谓是捕猎高手，也是一个平衡学大师。为了房屋的稳定，它把自己捕获的猎物挂到自己的巢穴上。自然界中蜘蛛有近四万种。这些蜘蛛大致可分为游猎蜘蛛、结网蜘蛛及洞穴蜘蛛三种。第一类会四处觅食，第二类则结网后守株待兔。现在被许多人把蜘蛛作为宠物饲养的大多是第三类：洞穴蜘蛛。它们喜欢躲在沙堆或洞里，在洞口结网，网本身没有黏性，纯粹用来感应猎物大小，并加以捕食。

大孔雀蝶

大孔雀蝶是欧洲最大的蝴蝶。它的翅膀上的斑点和之字形条纹以及烟白色的边，真是漂亮极了。而且它的翅膀中央有个圆圆的斑点，就像是一只眼珠乌黑的大眼睛。各种颜色呈弧形组合在一起，富于变化，闪着彩虹般多彩的光芒。

大孔雀蝶的毛虫身体环绕着黑色的纤毛，隐约呈黄色，体节末端嵌着一颗颗蓝绿色的珍珠。它们十分奇特，整个形状就像渔夫打鱼的鱼篓。

五月六日，一只雌性的大孔雀蝶在我实验的桌子上破茧而出。它刚从茧里孵化就立刻被我关进了钟形金属网罩。晚上九点左右，我的小儿子保尔叫我："快来看这些跟鸟一样大的蝴蝶！"我赶忙跑过去，只见一大群巨大的蝴蝶在天花板上飞舞。看来，大孔雀蝶已经占领了我的住宅。它们是被那只囚禁着的雌蝴蝶招来的。这些蝴蝶大约有四十多只。这是一个令人难以忘怀的大孔雀蝶之夜。四十多位情郎从四面八方赶来，向今天早上才出生的淑女表达爱意。就这样连续八天，蝴蝶们在黑夜降临后，一个个陆续飞来。

暴风雨即将来临，天空中乌云密布。在这样的情况下，连猫头鹰也不敢贸然离开巢穴，可大孔雀蝶毫不犹豫，勇往直前，没有一点磕磕碰碰。它对自己的蜿蜒飞行控制自如，大大的翅膀完好无损。

大孔雀蝶并不总是正确的，有时也会弄错它应该要去的具体地点。入侵后的第二天，我发现了前一天晚上的八只蝴蝶。其余的蝴蝶都飞走了，剩下它们一动不动地趴在窗户的横档上。我把这些蝴蝶的触须齐根剪断，但丝毫没有碰到它们身上的其他部位。这些被截去触须的伤员，一整天都安静地待在窗户的横档上。

我要给雌蝴蝶换一个地方，不能让雌蝴蝶处在被剪去触须蝴蝶的眼皮下，以保证研究结果的准确。夜幕降临后，我那八位伤员中的六只已经飞走了，剩下的两只却掉在了地板上，已经奄奄一息。我不时地将来访的雄蝴蝶捉住，并放到隔壁的房间里。十点半之后，我总共抓了二十五只雄蝴蝶，其中只有一只没有触须。

为了验证我的结果，我必须再次观察。第二天早上，我把那二十四只新被抓住的大孔雀蝶全部做了触须切除手术。然后，一整天都把进出的通道打开。夜幕再次降临，在二十四只蝴蝶中，只有十六只飞到了屋外，其余的八只筋疲力尽，奄奄一息。而晚上，这十六只离开的蝴蝶一只也没有飞回钟形罩边。结果似乎证明，切除蝴蝶的触须是一件比较严

重的事情。

第四个晚上，我又抓到十四只全都是新来的雄蝴蝶。第二天，我稍稍剪去了它们腹部中央的一些绒毛。对我来说，这是重新来访的大孔雀蝶的真正标记。晚上，被剃去绒毛的蝴蝶都飞回了野外。这一次，十四只被剪去绒毛的蝴蝶，只有两只飞回来。我在猜想，经过一个夜晚囚禁之后，几乎总会有大批的蝴蝶，已经被强烈的交尾欲望折磨得精疲力竭。

为了结婚，大孔雀蝶排除万难，去找自己的心上人。一旦过了几个晚上，它没能抓住机遇，它将从此长眠不醒，把幻想和苦难一同结束。大孔雀蝶只是为了繁衍后代才以蝴蝶的形态出现的。它不像许多其他种类的蝴蝶那样在花丛中来回穿梭，将吸管插进甜蜜的花冠。但大孔雀蝶根本不需要进食。它的生命只有两三个晚上，一旦刚好遇到配偶或知己，大孔雀蝶也算享受过生活了。那些被剪去了触须的蝴蝶没有再飞回来，并不是因为手术给它们带来了损伤，而是由于年龄的关系而不再有用。大孔雀蝶触须的作用以前是一个谜，以后也仍将是一个谜。那只被关在钟形罩里的雌性大孔雀蝶一共活了八天，这八天飞来的大孔雀蝶有一百五十只。这一百五十只大孔雀蝶几乎全都来自远方——周围两公里以外或更远的地方。

它们怎么会知道我工作室里发生的事情呢？我觉得一定离不开这三个因素：光、声音和气味。在大孔雀蝶的例子中，如果说传递信息的元素是依靠视觉的话，就有些荒谬可笑了。而声音同样也与信息传递无关。因为即使有最敏锐的耳朵，几千米以外的雄性大孔雀蝶也不太可能听得到爱人的声音。而剩下的还有气味。为了验证这个假设，我做了一个实验，用极为强烈的气味压制微弱的气味。

我在雄大孔雀蝶要抵达的房间里撒上樟脑，还放置了一只装满樟脑的小圆盘。没想到大孔雀蝶和往常一样到来，穿过这难闻的气味径直向钟形罩飞去。这让我对气味的信心也动摇了。第九天的时候，我的笼子里的囚犯就死去了，在明年之前都将没有进一步的实验。

夏天的时候，我购买了一些大孔雀蝶的毛虫。冬天，我又到喂养这些毛虫的大树底下搜寻，以补充茧的储备。终于，我拥有了一大批大孔雀蝶的茧，其中有十二只从外形推断里面是雌蝴蝶。

五月来临，这个月的天气将我的种种准备化为乌有，给我带来很多烦恼。我的大孔雀蝶的孵化也很迟。雌蝴蝶们在钟形罩里等待着，而外面的雄蝴蝶却很少，甚至没有。然而，附近并不是没有雄蝴蝶，而是它们都对雌蝴蝶非常冷淡。

于是，我开始了第三次试验。五月再次来临时，气候宜人，完全合乎我的心意。我又看到大量雄蝴蝶涌来的场面。每天晚上，雄蝴蝶们成群结队地赶来。它好像对周围发生的一切漠不关心。没有任何气味，也没有让人听见任何声响。雌蝴蝶则纹丝不动，屏息凝神地等待着。

雄蝴蝶三三两两，它们之间没有争斗，也没有吃醋，只是想方设法进入钟形罩。当它们对尝试厌倦之后，就飞开了。每天晚上，钟形罩的位置都会被移动。却没有一只雄蝴蝶再次出现在昨夜热闹的约会地点。目前，雌性大孔雀蝶一直在金属网罩里。

今天，我们发明了无线电报。在这方面，大孔雀蝶会不会比我们领先一步呢？我看这不无可能，昆虫都习惯于这些不可思议的发明创造。于是，我把雌蝴蝶关进各种材料的盒子里。所有盒子都严严实实，并用含油的胶泥封固。我还用了一只玻璃钟形罩，罩子被放在一块玻璃窗的绝缘支撑物上。在这样严格封闭的条件下，不管宁静柔和的夜色多么惹人喜爱，雄蝴蝶是再也不可能飞来了。反之，如果盒子关得不严，哪怕把盒子藏了又藏，仍然会有大批雄蝴蝶前来。这样看来，只要出现一道屏障，无论传导性能好不好，都会立刻阻断雌蝴蝶发出的信号。而气味已经被我的樟脑球实验否定了。

实验已经做到这里，可我的大孔雀蝶茧子却已经用完了。我决定放弃下一年的实验，主要是因为：大孔雀蝶的婚礼总是在夜间举行，如果我想跟踪观察它的行为习性，会非常困难。这些远道而来的求爱者在黑暗中就能到达目的地，而我在夜间却不能离开灯光。只要点上一支蜡烛，蝶群就纷纷起来将它扑灭。灯笼则光线太暗，根本不适合我去细致观察。不仅如此，灯光会使雄蝴蝶们偏离目标，让它们忘记过来干什么，让它们把甜蜜的爱情忘得一干二净。大孔雀蝶对光亮如此痴爱，让我对它难以精确观察。于是，我就放弃了大孔雀蝶及其夜间的婚礼。

知识百宝箱

　　许许多多的蝴蝶身上都有艳丽的色彩与花纹。这些色彩与花纹由其身上被覆着的鳞片构成。鳞片通常呈长梭形，如屋顶瓦片般层层相叠，覆在膜质双翅或躯干上。这些鳞片的作用不仅仅是装饰，而且还有其他的特殊功能。这些鳞片对于蝴蝶的生存有重要的意义。鳞片内的色素是由蝴蝶体内代谢产生的物质形成。不同发育阶段产生不同的代谢产物，鳞片的颜色也就不一样，每种蝴蝶都有其独特的色彩花纹。有些蝴蝶摄食含苦味物质或者有毒的植物，然后在身体中累积植物的苦味或有毒物质，从而避免被鸟类等捕食。

小条纹蝶

　　我家周围经常有一个六七岁的男孩来卖萝卜和番茄，一次他给我送来一只非常漂亮的茧子，钝圆形，有点像蚕茧，很坚固，呈浅黄褐色。我几乎确定这是橡树蛾的茧。如果真是这样的话，我就可以把对大孔雀蝶的初步了解补充齐全。

　　因为橡树蛾是蝶蛾类中最经典的虫子，让我们用它的另一个名字——小条纹蝶来称呼它吧。这个名字要从雄蝶有点像僧侣的浅红色长袍外衣说起，这种袍子的质地是上好的天鹅绒，上面有浅色的横向条纹，前面的两瓣翅膀上还长着小白点。

　　小条纹蝶在这一带不是常见的蝴蝶，但只要我遇到一只身材和装束都如此出众的小条纹蝶，是肯定不会让它逃脱的。三年里，我发动了所有朋友和邻居到处找寻这种珍贵的茧子，但却始终找不到。终于一天，从茧里孵化出一只雌性小条纹蝶，大腹便便的，穿着米黄色的袍子。我把它关进曾囚居大孔雀蝶的金属网罩下，开着一扇窗户，这一天和第二天都没有发生任何一件事情。小条纹蝶用前爪抓着网罩，翅膀没有丝毫摇摆，触须也没有丝毫抖动。

小条纹蝶一天天地成熟起来。第三天，突然看到一大群蝴蝶在窗口盘旋。它们有的飞出屋外，有的飞进房间，还有的停在墙上休息。它们来自四面八方，而此时的来宾们已经差不多到齐了。在楼上，我又看到了大孔雀蝶在夜间的景象，这一次是在大白天，我用眼睛估算出大约有六十多只蝴蝶在四周焦急地等待。在罩子里边，雌蝴蝶面对这纷乱的嘈杂，没有一丝兴奋的表情。随着天色的暗淡，蝴蝶们的热情也随之减退。很多蝴蝶都飞走了，剩下的都在为明天的狂欢养精蓄锐。这样由于金属网的阻隔，今天婚庆的目的并未达到，而明天即将继续。而第二天，我由于疏忽让瘦小的螳螂把肥大的蝴蝶吞食掉了。由于小条纹蝶非常罕见，我的助手们徒劳无果。但是我知道吸引来的这六十多只蝴蝶一定来自一个遥远的地方。

三年过去了，经过朝思暮想，好运终于让我得到两只小条纹蝶的茧子。八月中旬，在相隔几天的时间里，孵化出两只雌性小条纹蝶，让我能够继续进行实验。小条纹蝶的聪明灵巧并不比大孔雀蝶差，无论钟形金属罩放在哪里，它们都能径直飞向被关在那里的雌蝴蝶。如果装在盒子里，只要盒子没有被盖死，它们都能准确无误地飞过去。这一切都是对大孔雀蝶实验的重复而已。而在密封严实的盒子里，因为找不到雌蝶的住所，因此一只雄蝴蝶都没有飞过来。下午，为了遮盖住气味，我将工作室装扮成了配药间，里面不但有薰衣草的芳香，也有硫化物刺鼻的恶臭。我想知道，这些气味混合起来，能不能让雄性小条纹蝶迷失方向。事后的三个小时里，蝴蝶们像往常一样蜂拥而至。即使我用一块厚布把罩子遮起来，它们依然飞向被关着的雌蝴蝶，想方设法钻进厚布的褶子里面，同雌蝴蝶相会。

　一天下午，我想实验一下视觉是否会在它们寻找雌蝴蝶的过程中起作用，于是，我把雌蝴蝶放进了一个玻璃罩。玻璃罩放在桌上，正对着打开的窗户。这样一来，雄蝴蝶一进屋，就肯定会看到雌蝴蝶，因为它在它们的必经之路上。我将之前放置雌蝴蝶的瓦罐，放到了房间另一边的地板上，那里距窗户有十几步远。

　所有的蝴蝶没有一只在玻璃罩前停留，在光天化日之下雄蝴蝶们无动于衷地飞过，径直飞到了我放置瓦罐和金属罩的昏暗角落。

　它们落在金属网罩的圆顶上，拍打着翅膀探寻着。一直到太阳落山，金属罩就像真的有雌蝴蝶在里面一样。我觉得这两天雌蝴蝶一直都待在金属罩里，它所碰过的东西，一定渗透了某种气味。这气味使小条纹蝶受到嗅觉的控制，经过囚禁着美人的玻璃监狱却对其不加理睬，而来到这空空如也的地方。

　我想它应该是一种气味，将雌蝴蝶所接触过的东西进行了渗透，而在玻璃罩子里面只要雄蝴蝶嗅不到任何气味，就不会前来。这样一来，在我掌握了这些令人豁然开朗的资料之后，就可以进行下一步的实验了。

　早上，我把雌蝴蝶关进金属网罩，它在那里一动不动地待了很长时间，整个身体埋在一堆橡树枝中间。当雄蝴蝶过来的时候，我把带有雌蝴蝶气味的树枝放在一把椅子上，然后把椅子放在窗户的不远处。这些飞过来的雄蝴蝶没有一只飞向前面几步路远的大桌子，尽管雌蝴蝶在那里的网罩下等着它们。接下去的实验告诉我，任何材料，不管是什么，都可以替代那根橡树枝。只是质地的不同，保持吸引力的时间也不一样。时间最长的是棉絮、法兰绒、尘土、沙土，以及一些多孔的物体。相反，金属、大理石、玻璃则会很快失去吸引力。只要雌蝴蝶停留过的东西，都会吸引雄蝴蝶飞来。

让我们使用法兰绒做雌蝴蝶的床，我们将会看到十分有趣的事情发生。我在刚好能通过一只蝴蝶的大口瓶里放进一块小条纹蝶母亲曾经停留过的法兰绒，来访的雄蝴蝶们就纷纷飞进了容器，在里面挣扎，再也飞不出来了。我所设想的得到了确认，能够吸引雄蝴蝶的正是雌蝴蝶散发出的气味。只是这气味极其细微，人类的嗅觉感觉不到。

雌蝴蝶只要栖息过一段时间的物体，都会很容易沾上它的气味，只要这些气味还没有挥发完，就会吸引雄蝴蝶的到来。但是，没有任何看得见的东西显示着这个诱饵的存在。在一张雌蝴蝶刚刚停留过的纸的周围，没有任何痕迹，也没有任何水渍，表面看来就像是在它沾上气味之前一样干净。而且诱饵的制作也很缓慢，需要一段时间的积累，只要长时间让雌蝴蝶在上面就会形成吸引力。根据蝴蝶种类的不同，传送信息的气味出现的时间也有早有晚。刚孵化出的雌蝴蝶需要一段时间的成熟期，才能逐渐有自己的气味。而早上孵化的大孔雀蝶则在当晚就能引来雄蝴蝶。而雌小条纹蝶则把这个时间推得更迟，通常是在孵化之后两三天才发出。

雄性小条纹蝶在追逐雌性时和大孔雀蝶一样都长着华丽而勇猛的触须。我想推测一下这个触须是不是有指南针的作用呢？于是，我又开始了先前曾经做过的截肢试验，不过，实验的结果并不是非常满意。这些被截去触须的蝴蝶一只都没有飞回来，但这并不能够说明什么。大孔雀蝶的实验告诉我们，它们不飞回来并不一定是因为触须，或许还有其他的原因。

这里还有一种名叫苜蓿蛾的小蝶蛾，在外观上和小条纹蝶很像，也长着这种触须。这种苜蓿蛾在我们家的周围很常见，而且很容易找到它的茧。它的茧和小条纹蝶的茧非常相似。有一次，我本指望从找到的这六只茧里孵出六只小条纹蝶，没想到八月底的时候，孵出的却是六只苜蓿蛾。尽管我家周围有戴着漂亮羽饰的雄蝴蝶，但在这六只出生的雌蝴蝶身边，从来就没有出现过一只雄蝴蝶。

宽大的羽状触须如果真的是远距离的接收器，那么，为什么我那些长着华丽触须的雄苜蓿蛾，不知道我实验室里发生的事情呢？它们有漂亮的羽饰却对这些事情无动于衷，而另一种小蝶蛾却成群结队地飞来。这些实验的结果一再表明，拥有这种器官并不一定代表什么。尽管有些昆虫在外表方面长得非常类似，但它们却拥有不同的能力。

知识百宝箱

　　蝶与蛾可称得上是昆虫中的一对孪生姐妹，导致很多虫子的名称是蝶蛾不分的。比如一些体形较大、色彩艳丽的蛾子，常被称作蝶；而有些蝶类因其体形小、颜色暗，又被人们称作蛾。怎么分辨蝶和蛾呢？首先，从触角来说，蝴蝶头部的一对触角末端膨大，像锤子或棍棒；蛾子的触角基部宽，末端窄，像羽毛或梳子。从翅膀来看，蝴蝶宽大；再看腹部，蝴蝶瘦长，蛾子粗短。休息的时候，蝴蝶的翅膀是竖起来的，而蛾子是平展着，像屋脊一样。蝴蝶一般在白天活动，而蛾子一般在夜晚活动，只有少数例外。

胡　蜂

　　九月里，我在小儿子保尔的陪伴下外出散步，他的眼神纯真而专注，在二十步开外的地方，我们发现有一个胡蜂窝。我们小心翼翼地靠近，生怕惊动那些可怕的蜂窝。要是靠得太近，这些暴躁的胡蜂就会发起攻击。要是贸然去对付马蜂窝，一定会付出代价的。我用汽油、芦苇秆和黏土这些最简单的，也是最好的工具来对付它们。

　　我只需很少的几只幸存胡蜂，就足够进行观察了。只要适当减少汽油的剂量，我绝对能捉到几只幸存的胡蜂。蜂窝的前厅直通地下，而且差不多与地平线平行。不能将液体直接倒进地下，而要用芦苇秆插进坑道，把液体一滴不漏地送进洞穴。然后用带来的那一大块黏土把胡蜂住处的入口大面积封死。

　　夜里九点左右，天气宜人，还有点儿微微的月光。我们父子俩很顺利地将液体输入到地下，大功告成。当十一点的钟声敲响，我们已经回去睡觉了。

清晨时分，我们带着铁锹和铲子，再次回到蜂窝前。在太阳开始暴晒之前，我们还是赶快工作吧，免得在外面的胡蜂给我们带来一些麻烦。我们谨慎地挖掘，终于在大约半米深的地方，看到一个完好无损的胡蜂窝。它像普通南瓜那么大，而且四周什么东西也没有，只是在蜂窝的顶部，各种植物的根茎将蜂窝牢牢地固定在洞顶上。只要地底的土质松软，蜂窝一定是圆球形的，如果有别的东西，圆球则会随着遇到的障碍物而改变形状。

在胡蜂的巢和地下洞壁之间有一条缝隙，是供建筑者们来往的大道，延伸的小径是胡蜂城与外界的唯一联系通道。在蜂窝下方，闲置的空间更大。这样胡蜂可以在蜂窝底部的蜂房上不断增添新的蜂房层，从而使蜂窝的整个外层也随之扩大。底下像锅底一样的空间还是胡蜂的垃圾场，里面堆积了许许多多的废弃物。

成千上万的胡蜂一起挖掘着地下室，并根据需要将它不断扩大。它们每一只都用上颚衔着自己的一小块土出去，飞到远处。将挖出的土块撒在广阔的田野里，也就不会像蚂蚁一样留下挖掘的痕迹。

胡蜂窝的建筑材料是一种薄薄的有弹性的灰色纸，上面分布着浅色环形带状条纹。条纹的颜色根据使用的材料不同而变化。它用纸浆造出一张张大大的鱼鳞状薄片，而且重叠成许多层。所有这些薄片就像一块绒布，既厚实又有许多小孔，这上面充满了静止的空气。

胡蜂许多行为都符合人类的物理学与几何学原理：它在保暖工艺方

面超越了我们，使用空气这种隔热体来防止热量的散失；蜂窝外围采用表面积最小、但容积却最大的形状；蜂房选用最节省空间与建材的六边形柱体结构。

这些高明的建筑师使我们非常惊讶。恰巧一窝胡蜂在我们家里安家了。趁夜幕降临，胡蜂归了巢，我把地面整平之后，将钟形罩扣在蜂窝的洞口上。第二天，强烈的阳光射在玻璃罩上，上工的胡蜂们从地底下蜂拥而出。它们撞在透明的罩壁上，没有一只用脚去刨钟形罩下面的土。显然，刨土逃路的方式大大超出了胡蜂的智力范围。

有几只在外面过夜的胡蜂，绕着钟形罩飞了又飞，决定在罩底掘地。其他胡蜂急忙过来帮忙。一条通道毫不费力地挖好了。胡蜂们都进了通道。我随它们去。当所有的迟归者都回到了巢穴中，我就用泥土把通道口封住。从罩子里面看去，这个洞或许可以作为出口，我想给"囚徒"们一个机会，让它们自己挖掘逃生的隧道。

钟形罩里的胡蜂没有对使迟归者顺利进去的方法做任何尝试。整群的胡蜂在罩里的炙热环境中盘旋着，却束手无策。日子一天天过去，地上的尸体堆成了山。它们知道如何进去，却不知道怎样出来。

而从外面晚归的胡蜂就不一样了，它们四处搜索，挖掘清扫泥沙，最终找到入洞的通道。看来，自从世界上有胡蜂以来，泥土堵塞洞口是经常的事了。只要挖土就能进去。

我们赞扬胡蜂，因为它发明了圆形蜂窝和六边形蜂房，在节约空间和材料的方面，它们可以和我们的几何学家相媲美。我们把空气隔热层的杰出发现也归功于胡蜂的创造。

　　蜂窝的内部由许多布满蜂房的巢脾和巢盘组成的，它们水平地排列着，相互之间由坚实的支柱连接。巢脾和巢盘的数量并不固定。出于喂养幼虫的需要，各层巢脾和巢盘之间都由空余的空间分开，并由支柱固定着。下层巢脾中的蜂房比上层的大，它们用于培育雌蜂与雄蜂；而上层的蜂房供体形较小的无性工蜂使用。

　　另外需要注意的是，它们也知道以旧换新，在一些上了年头的胡蜂窝被铲平之后，墙壁被重新转化为纸浆，用于建造雌雄胡蜂更大的育婴房。

　　一个完整的蜂窝里，有数以千计的蜂房。到了冬季，严寒平息了胡蜂的狂躁。它们冻僵后变得温和了，在圆盆形的洞底，躺着不少胡蜂的尸体，还有一些奄奄一息的；在地下洞穴的露天洞口，同样堆积着大量的死胡蜂。在蜂窝里面和外面的，有三种胡蜂的尸体。其中以无性别的工蜂最多，雄蜂次之，这两类胡蜂死去是很正常的事。除此之外，也有腹部两侧装满了卵的雌蜂。

　　当严冬来临，导致蜂群数量减少的原因有两个：饥饿和严寒。为了检验我的推理，我做了一个实验。

　　我找了一个胡蜂窝，并把那些生命尚存的胡蜂，放在我房间的罐子里，冬季里的每一天都用火苗给它们取暖，而且一天的大部分时间都能晒到太阳。这里的温暖排除了因为寒冷导致的减员，而且这里也没有饥荒的威胁——金属罩下放着满满一小盅蜂蜜，还有几颗葡萄。

　　这些准备措施完成之后，事情刚开始进展得还比较顺利。夜间，胡蜂蜷缩在巢脾中间，当太阳照射到钟形罩上时，它们就相互簇拥着，晒着日光浴。随后，它们又活跃起来，一会儿爬上拱顶，懒洋洋地闲逛，一会儿又爬下来，畅饮蜂蜜，啃啃葡萄。整个罩子里面，一片生机勃勃的样子。

可过了没多久，死亡开始侵袭整个蜂群。一只工蜂在阳光里，突然掉落下来，腹部抽搐，腿脚乱蹬地死了。雌蜂这边也是仰面朝天，肚子剧烈痉挛之后，就一动不动了。我以为它死了，可它在晒了一会儿太阳之后，又恢复了常态。可过不了多久就都会死去。就这样，年老的工蜂们也会突然猝死。雄蜂也一样，只要它们的任务还没有完成，就还能坚持得不错。我的罩子里就有几只雄蜂，一直精力充沛，敏捷灵活。雌蜂温和地用腿将它们推开。这时候已经明显过了交尾期。这些家伙将毫无用处地死去。

离死期不远的雌蜂背上沾满了灰尘，而那些健康的雌蜂在蜜碗边恢复体力之后，就会安顿在阳光里，不断地为自己的身体掸灰。两三天之后，满身尘垢的雌蜂走出蜂窝之后，就再也不起来了。

日子一天天过去，尽管房间里气温宜人，还有那盅蜂蜜可供健壮的胡蜂吸食，但我罩子里的胡蜂数量仍然在减少。不要把胡蜂的死归罪于钟形罩内的囚禁生活。田野里，同样的事情也在发生着。我在观察那些蜂窝时，也同样看到了蜂群大量死亡的情况。雌蜂的死亡概率与其他胡蜂没有什么差别。

我虽然并不清楚出生于同一蜂窝的雌蜂数量有多少。但是，蜂群墓穴里成堆的雌蜂尸体告诉我，它们的数量大概有成百上千。在大自然中，只需一只雌蜂就能建立起拥有三万居民的胡蜂城堡。胡蜂们的繁衍速度决定了胡蜂中的大多数必将死去，这种死亡并不一定是因为传染病或者气候，而是一种无法抗拒的命运，这命运以一种狂热促使胡蜂急剧地扩张，也以同样的狂热让整个胡蜂群全军覆没。

由此产生了一个问题：既然只要有一只雌蜂能够在整个族群的死亡中得以幸免，那一定就能保障整个种族生命的延续，那么为什么一个胡蜂窝里还需要这么多为抚育生命而献身的准母亲呢？为什么这里面是一群雌蜂而不是一只雌蜂？整个族群中，为何还要繁衍出这么多为了传宗接代而无谓牺牲的胡蜂？这一切的一切真让人感到困惑不解。

知识百宝箱

胡蜂的蜂巢和蜜蜂的蜂巢一样都是呈现六边形，至于为什么要建设成六边形就未必能说明原因了，但这无疑是使用最少的材料制作尽可能宽敞的空间。这种六角形所排列而成的结构叫作蜂窝结构。因为这种结构非常坚固，故被应用于飞机的机翼以及人造卫星的机壁。18世纪初，法国学者马拉尔奇曾经专门测量过大量蜂巢的尺寸，令他感到十分惊讶的是，这些蜂巢组成底盘的菱形的所有钝角都是109°28′，所有的锐角都是70°32′。从理论上计算，如果要消耗最少的材料，制成最大的菱形容器正是这个角度。从这个意义上说，它们称得上是"天才的数学家兼设计师"。

胡蜂（续）

胡蜂们在冬季来临时会遇到很大的麻烦。在艰难困苦来临之前，工蜂们是温柔的保姆，但在感到体力衰竭时，便成了终结者。无论是卵还是幼虫，都会在这场工蜂的屠杀中死去。

十月的时候，我把里面有一些幸存下来胡蜂的蜂窝碎块，放在钟形罩下。为了便于观察，我将巢脾逐层分离，蜂房的开口翻转。这种摆放方式一点也没有妨碍它们，就像没有发生过任何异常情况似的。我放了一片小木板，让它建造蜂窝时使用。最后，我每天在一条纸带上抹蜂蜜。胡蜂们的地洞用扣着金属网罩的大瓦罐代替。工蜂们既要照顾幼虫，又要建造蜂窝。

胡蜂们喜欢使用废弃的旧蜂房作为原材料来建造自己的家园。因为旧蜂房已经有了纤维毡子，只需将它们再变回纸浆就可以了。胡蜂只要用大颚稍加捣碎，用唾液加工之后就能形成优质的纸浆。就这样，没有住户的房间被重新啃噬、回收，胡蜂们真是懂得以旧翻新。

为了抚育幼虫，工蜂们是那么的无微不至，它们的嗉囊里盛满了蜜，在一间蜂房前，停下并低头探进开口，然后用触须末端试探幼虫。幼虫依靠感觉来吃工蜂们送来的蜜汁。工蜂喂了一只，然后接着去喂另一只。吃饭之后幼虫微微往房里缩了缩，就回到甜甜的睡眠状态中去了。而工蜂们继续它们的工作。

为了更进一步观察这种奇特的进食方式，我捉来几只强壮的大胡蜂幼虫，并把它们插进纸套中，只等我亲自喂养它们的时候进行观察了。我用一小节麦秆蘸了一滴蜜，放在幼虫的上颚之间。由于无法一口喝完，于是幼虫挺起胸膛，伸出肿块来接住滴下的多余蜜汁。等到它将直接送入嘴里的蜜吞下之后，才慢悠悠地将肿块上的食物一口一口吃完。

我罩子里喂养胡蜂的蜂蜜很充裕，而且每天都有新鲜的供应。但在秋末，野地里甜水果数量日渐稀少，由于缺少甜果肉，野外的胡蜂不得不接受肉食。对于它们来说，尾蛆蝇的肉丸子并不是最好吃的食物。我给罩子里的胡蜂提供的野味被它们拒绝，似乎就证明了这一点。

幼虫只需将头轻轻一扭，就能轻松地将一部分过于丰盛的食物盛进它突起的围嘴，由于食物的黏性，它可以附着在围嘴里面。再说，这个临时碟子缩短了喂食的时间，让幼虫从容地进食，不用狼吞虎咽。

在罩子里，我的胡蜂以蜂蜜为食，当它们的嗉囊里面盛满了蜜之后，还会喂给幼虫们吃。工蜂和幼蜂都对这样的饮食非常满意。但我知道它们也经常吃野味，来改善一下生活。

就这样，我除了给它们吃一些蜂蜜之外，还给它们增添了一些野味。我在钟形罩里放了几只尾蛆蝇。刚开始，这些蛆蝇并没有引起它们的兴趣。这些好动的双翅目昆虫总是振翅飞舞，嗡嗡作响，撞在网纱上，但它们没有引起很大的反响。胡蜂对它们没有一点儿反应。如果有一只尾蛆蝇距胡蜂太近，后者则会警告式地稍稍扬起头。无须其他举动，蛆蝇已经溜之大吉了。

然而，在涂了蜂蜜的纸袋附近，事态就严峻得多了。那个地方是胡蜂们经常去的食堂。如果有一只在远处嫉妒地张望的蛆蝇打算过去的话，那么正在进餐的胡蜂中就会有一只离开群体，直冲向这个胆大妄为的家伙，扯住它的一条腿，让它远点。只有当双翅目昆虫极不谨慎、踩到巢脾时，它和胡蜂的遭遇才可能造成最为严重的结果。这时，胡蜂们会群起攻击这可怜的家伙，拳打脚踢将它掀翻在地，拖将出去，这时它要么被打得瘸腿少胳膊，要么已经被结果了小命。除了蛆蝇，倘若其他的陌生人不幸进入了蜂窝，那它同样也就完蛋了，就算没有身中无数螫针，至少也得被胡蜂用上颚的尖钩开膛破肚。如果这样的话，死去昆虫的尸首则会被扔到胡蜂城堡底下的垃圾堆中。

胡蜂的幼虫们受到严密的看护，不怕任何人前来侵犯，它们还以香甜的蜂蜜喂养，这美味甚至让它们忘记了美味的蝇肉。我喂养的这些幼虫在罩子里茁壮生长，当然，并不是所有的幼虫都这样。就像在其他地方，胡蜂窝里也有先天不足的幼虫夭折。

一旦工蜂之间发生了严重的骚乱，它们对幼虫的态度就会从过去的忠心耿耿变成漠不关心，接着就是强烈的反感。这种照顾的关系眼看着就无法维持下去，随着饥荒步步逼近，亲爱的工蜂宝宝们看来就要被残酷地虐待死了。

果然，过不了多久，这些原来忠心的工蜂们开始突然撕咬生长缓慢的幼虫，今天这几只，明天那几只，再接着是其他的。它们就像对待陌生人或死去的躯体一样，把幼虫们从蜂房里拽出。

虽然工蜂还能继续苟延残喘一段时间，但最终随着严寒的到来，它们的死期也慢慢地临近了。十一月还没有过去，我的罩子里一只活的工蜂也没有了。在野外地下，对工蜂们晚熟幼虫的最后屠杀也是以这种方式展开的，而且这种规模更大。

每天，胡蜂窝底部的坟场都要接收从上面扔下来的尸体和垂死者，包括衰弱的幼虫和意外遭难的成虫。这种可怕的现象，在胡蜂家族繁殖旺盛的季节里是很难见到的，但随着恶劣气候的接近，就变得越来越容易看到了。当大批处决晚熟幼虫的时刻到来时，尤其是当胡蜂窝最终崩溃的时刻到来时，这些成年的胡蜂中的雄蜂、雌蜂、工蜂也会成百上千地死去，就像是天上掉下食物一样，每天下面都会落下大量的胡蜂尸体。

接着，食客们便不约而同地来了，刚开始它们只是吃一点儿，但这只是为了以后的欢宴着想。从十一月底开始，双翅目昆虫的蠕虫就成了胡蜂窝的掘墓人。有蜂蚜蝇的幼虫，还有一些小蠕虫，它们光溜溜的，身体洁白而尖细，个头儿比绿蝇的蠕虫小。它们都在这些胡蜂的尸体里，如同奶酪里的蠕虫一样拱来拱去。

所有的虫子都在兴高采烈地分解、肢解、掏空胡蜂的尸体。有的甚至在二月来临的时候，还来不及缩进蛹壳里。这些虫子生活在温暖的地下洞穴中，这里既没有恶劣天气的影响，而且温度是如此宜人，更令人高兴的是这里的食物是如此丰盛。这些都让在宴会上吃吃喝喝的小虫们流连忘返。

　　在这些流连忘返的食客中，我要特别提及一种典型的食虫小兽，那就是最小的哺乳动物——鼩鼱。从外表看来，它的体形比小鼠还要小。在胡蜂的蜂窝濒临崩溃时，胡蜂们感觉不适，它们那好斗易怒的性格也比以前平和了许多，于是那些长着尖嘴的客人就溜进了胡蜂的家。只要有一对鼩鼱发现了胡蜂的窝巢，转眼间就能让成群奄奄一息的胡蜂变为残渣，接着，蛆虫则将整个蜂巢清扫得干干净净。这些吃客来到这里扫荡一番，让整个胡蜂窝荡然无存。整个胡蜂窝就在这些食客们的拜访之下倒下了。昔日浩浩荡荡的胡蜂三万居民只剩下几撮灰土，几片破烂的灰纸——这就是春回大地时，庞大的胡蜂家族所留下的所有遗迹。

知识百宝箱

工蜂无论白天还是晚上都是不睡觉的，它们只有休息没有睡眠。无论是白天还是黑夜都有大量的工作要做，比如说哺育幼虫，为蜂箱保持恒温。对于工蜂来讲，这些工作任务量相当大，因此自然的法则是不允许它们睡觉的。它们的休息并不是有规律的，而是随机地休息。每次休息的时候就是静止在一个地方，大约15分钟的时间，每天它们休息的时间和次数也不固定。

萤火虫

有一种以发光而出名的昆虫，它的尾巴上像挂了一盏灯，在黑夜的草丛里游荡，就像火星儿一样。大家可能都知道了，这就是萤火虫。古希腊人曾经把它叫作"郎比里斯"，这个名字很美丽。相比较这个形象的称呼，它的法语俗称为"发光的蠕虫"。

从外表来看，萤火虫有三对短而灵活的腿，用于在草丛里面爬行。雄性的萤火虫在发育成熟之后，会生长出翅膀，用于飞行。雌性的萤火虫并不知道飞行的快乐，一生都处于幼虫的状态，似乎它们永远都不会长大。即便如此，它们被称为蠕虫也是不恰当的。

萤火虫从外表来看比较温顺善良，实际上却是一个凶猛无比的食肉动物。它的捕猎方法十分残忍。它的主要猎物是蜗牛。那么，萤火虫是怎样猎取蜗牛作为食物的呢？

　　一般来说，萤火虫在开始捉食它的猎物以前，总是先要给它打上一针麻醉药，使这个小猎物失去知觉，这就好比我们人类在动手术之前，先将病人麻醉一样。在天气特别炎热的时候，在路旁边的稻草或者枯秆上，就会聚集着大群的蜗牛。这时，萤火虫先将它们麻醉，然后慢慢享用这顿美味大餐。除了在这种地方，萤火虫也会选择一些又凉又潮的沟渠边觅食。因为在这些地方，经常杂草丛生，时常可以找到大量的蜗牛。萤火虫在这儿能够轻松地把这些猎物杀死。

　　我在一个大玻璃瓶中放入一些杂草、几只萤火虫，还有一些大小比较适中的蜗牛。蜗牛的身体通常会躲在壳里，只露出外套膜的一点点肉。于是萤火虫先用它的"兵器"反复地刺击蜗牛的外套膜。这武器只有在显微镜下才能看到，它由弯曲成獠牙的大颚组成，而且整个獠牙上有一条细细的沟槽，特别锋利。萤火虫的态度比较温和，像是在亲吻一样。我们用"扭"这个字吧。它每扭动一下对方，就停一小会儿。萤火虫扭动的次数并不是很多，顶多有五六次够了。它的手段如同闪电一般，很快就将毒汁从沟槽中注射到蜗牛体内了。我用针去刺蜗牛，它竟然一点儿活气也没有了，就像死去一样。

　　实际上，这只蜗牛并没有死去，我完全能让它复活。在它昏迷的两三天里，我每天都坚持给它洗身体，特别是受伤的地方。几天之后，蜗牛的知觉就已经恢复正常了。

　　假如蜗牛只是在地上爬行，或者躲在自己的壳里，攻击它是一点儿也不困难的。蜗牛经常喜欢趴在高处，吸附在植物的秸秆上，或是光滑的石面上。有了这些地方，蜗牛就无须别的保护了。因为这些地方本身

就是天然的保护伞。蜗牛一旦与支撑物的表面遮盖不够严密，就会让萤火虫有机可乘。这样一来，萤火虫的毒牙总会有办法可以触及蜗牛的身体，然后，一下子注入并释放出毒液。蜗牛于是就失去了知觉，萤火虫就可以安安稳稳地享用这顿美味了。

蜗牛只用一点儿黏液把自己固定在草秆上，只要有一丁点儿晃动，它就会移动身体。一旦蜗牛掉了下去，萤火虫就不得不去寻找其他更适合自己的目标了。所以，在萤火虫捕获蜗牛时，必须迅速麻醉它，让它处于昏迷状态。只有这样它才能安然享受自己的美食，这也就解释了萤火虫为什么要用麻醉的方法来对付蜗牛。

无论蜗牛体形多大，一般都是一只萤火虫先把它麻醉，过了一会儿，其他萤火虫也三三两两地不请自到，共同分享这顿美味。两三天以后，我把蜗牛的身体翻转过来，壳里的液体就会流出来，不过也就只剩下一些汁液了。

我们知道，萤火虫趴在蜗牛身上不断地咬，之后蜗牛的肉就变成了肉汤。然后每个客人用自己的一种消化酶把它消化掉。可以看出，萤火虫用牙齿给蜗牛注射麻醉剂的同时，也会注入一些分解肌肉的物质。萤火虫就是这样把把蜗牛吸得干干净净的。

萤火虫在捕食猎物时，为了顺利地完成任务，常常需要吸附在光滑物体的表面，或者抓住难以攀爬的东西。但萤火虫的腿既短又不灵活。它必须要具备一种特别的爬行足或其他什么有利的器官，以辅助它完成任务。我把一只萤火虫放到放大镜下面进行仔细的观察，很快发现，在萤火虫的身上的确长着特别的器官。在接近萤火虫尾巴的地方有一块白点。有的时候，这些东西合拢在一起形成一团；而有的时候，它们则张开，像绽放的蔷薇花。当萤火虫想在它所待的地方爬行时，它便让那些指头相互交错地一张一缩，这样萤火虫就可以在看起来很危险的地方自由地爬行了。这个器官的另外一个作用，是可以用来清洁身体。

萤火虫的名声如此之大，是因为它身体上那盏闪闪发亮的灯。我们通过观察雌性萤火虫那个发光的器官，可以知道这盏灯是生长在它身体最后三节的地方。第三节的发光部位比前两节要小得多，只是有两个小小的点，从这些地方发出的光是微微带蓝色的亮光。萤火虫的全部发光器可分为两组：一组是身体最后一节之前的两节上的带状发光器，另一组是在身体最后一节上的两个发光点。

在萤火虫的发光带的表皮上，有一种白颜色的涂料，形成了极细腻的粒形物质。在这些物质附近，更是分布着一种非常奇特的器官，它们都有许多细小的分支，这种枝干散布在发光物体上面，有时还深入其中。那种像白色涂料的物质，就是经过氧化作用以后剩下的产物。氧化作用所需要的空气，是由连接着萤火虫的呼吸器官的细细的管道提供的。至于那种发光的物质的性质，直到现在我们还没有找到答案。

另外有一个问题，我们是知道得比较详细的。我们清楚地知道，萤火虫完全有能力调节它随身携带的亮光。通过我的观察，要是萤火虫身上的细管里面流入的空气量增加了，那么它发出来的光亮度就会变得更强一些；要是一旦萤火虫不高兴了，它就把气管里面的空气的输送停止下来，那么，发出光的亮度自然就会变得非常微弱，甚至会熄灭。

外界的刺激，会对萤火虫的气管产生影响。这盏精致的小灯——萤火虫身后的两个小点，哪怕只受一点点的侵扰，立刻就会熄灭。但是，雌萤火虫身上的光带，即便是受到了极大的惊吓与扰动，都不会产生多么大的影响。

我用铁丝做了个空气完全可以流通的笼子，里面放上萤火虫。我在铁笼子旁边放了一枪，萤火虫竟然一点也没有受到影响，它的光亮依然如故，丝毫变化都没有。我用树枝把冷水洒到它们身上去，没有一盏灯熄灭。面对这样的刺激，萤火虫顶多是把光亮稍微停一下。我又拿了我的一个烟斗，往铁笼子里吹了一口烟。这一次，虫子们明显迟疑了不少，而且一些虫子竟然把灯熄掉了。但是，虫子们很快便又把灯点着了。等到烟雾全部散去以后，那光亮就又像刚才一样明亮了。我们可以看出，雌虫们对自己的光芒充满着无限的热情，以至于我们根本就没有什么办法能让它们全体熄灭光亮。

通过这些实验，我们可以清楚地知道萤火虫的确是能够控制并且调节它自己的发光器官，随意地使它更明亮，或更微弱，或熄灭。

萤火虫发出来的光，是白色而且平静的。另外，它的光对于人的眼睛没有什么刺激，而且显得特别柔和。这种光看过以后，让人很自然地联想到，那种美丽简直就像那种从月宫上面飘落下来的一朵朵可爱的洁白的小花朵，充满诗情画意的温馨。这种光亮十分温和，同时又很微弱。如果在黑暗之中，我们捕获一只小小的萤火虫，然后把萤火虫的光向书本照过去，我们便会很容易地认出一个一个的字母，或者分辨出不是很长的单词。不过，一旦超越了这份光亮所涉及的比较狭小的范围，那就什么都看不清楚了。

雌萤火虫的灯光是用来吸引雄性萤火虫的。但是我们知道,雌性灯光从它的腹部发出,一直向着地面,而雄性萤火虫则是在天空中舞蹈,有时距离很远。但是别担心,雌性萤火虫会有自己的办法的,它们在黑夜来临之际,朝着各个方向,扭动自己灵活的屁股。无论在哪里,寻偶心切的雄性萤火虫都会看到雌虫发出的灯光。

如果说雌萤火虫有吸引雄性萤火虫的绝招,那么雄性萤火虫也有发现雌性萤火虫的妙方。它的前胸胀大成盾形,像灯罩一样,能缩小视野,把目光集中在发光的地方。

萤火虫交尾时,它们就把灯光暗淡直至熄灭,只有尾部的小灯还在发光。萤火虫能够随处产卵。有时候在地面,有时候在草叶。真可谓四海为家,随遇而安。

从出生到离世,萤火虫的灯光是一直亮着的。小小的萤火虫啊,你永远在为自己留一盏希望的灯!

知识百宝箱

关于萤火虫的故事真不少。晋代时，有一个名叫车胤的人，家里非常穷。车胤喜欢读书，可是家里没有多余的钱买灯油供他晚上读书。为此，他只能利用白天时间背诵诗文。有一天晚上，他正在院子里，忽然见许多萤火虫在空中飞舞，发出一闪一闪的光芒，这一下启发了他。他想，如果把许多萤火虫放在透明的袋子里，不就成为一盏灯了吗？于是，他去找了一只白绢口袋，捕捉了许多萤火虫放在里面，再扎住袋口，把它吊起来。这样微微的光亮，竟然能够勉强用来看书了。由于他勤奋好学，终于成为有成就的人。后来，我们用"囊萤映雪"来形容人勤奋读书，这个"囊萤"就来自车胤。

朗格多克蝎子的住所

蝎子神秘的习性和沉默的性格，一点儿都不引人注意。通过解剖，我们了解了它的组织结构。除此之外，我们对它的那些隐秘的习性一无所知。现在，我们希望通过实验，揭开蝎子神秘的面纱。

大家所熟知的蝎子是普通黑蝎。它分布于南欧的大部分地区，经常出没于人类住家附近的黑暗角落。在多雨的秋天，我们在床上的被褥下会发现这些讨厌的身影，这个动物给人带来的不是危害而是惊吓。普通黑蝎并不危险，更多的是令人讨厌。人们对朗格多克蝎子知道得并不多，它喜欢独居在荒无人烟的偏僻之地。与黑蝎相比，朗格多克蝎子的体形巨大，成年之后的朗格多克蝎子可达八九厘米，身体呈金黄色。

朗格多克蝎子的尾部，其实是它的腹部，由五节棱柱组成，好比一串珍珠。螯钳的臂与前臂也覆盖着同样的细线，这些细线将它们分割为长长的平面。蝎子的背部也蜿蜒地爬满了线条，如同盔甲的接缝，而盔甲的每个组成部分则通过变幻莫测的细粒状轧花绳边相互拼接。它的盔甲十分坚固，也野性十足，这构成了朗格多克蝎子的标志。

蝎尾的最后一节是一个光滑的囊状尾器。蝎子的毒液产生并储存在这里。毒液就像水一样。蝎尾的顶端长着一根尖锐的螫针。离针尖不远处，开着一个只有凭借放大镜才能看到的小孔。毒液就从这里注入被螫的伤口。螫针很锐利，可以很轻而易举地刺穿一张硬纸板。

蝎子无论是行走还是休息，总是将尾部翘在脊背上。蝎子的螫钳不仅是战斗的武器，也是获取信息的工具。蝎子将螫钳向前伸展，并张开两个指节，来探清遇到的事物。需要螫刺对手时，螫钳会将其捉住，这时螫针则会在脊背上面进攻。最后，当蝎子进食的时候，螫钳则充当双手。

蝎子负责行走、保持平衡和进行挖掘的器官是脚。蝎子脚的末端长着小爪子，爪子的正对面竖着一根短而纤细的针，充当着拇指的作用。在蝎子脚上，长满了粗硬的纤毛。所有这些组成了一副绝妙的钩爪，让看起来笨重拙劣的蝎子，灵活地在钟形罩的纱网上来回爬行。

蝎子的眼睛十分近视，又极端斜视。蝎子共有八只眼睛，分为三组。在蝎子身体的中央，两只大而凸起的眼睛紧挨着，闪闪发光。由于凸起得厉害，它们看上去就像是近视眼。而另外两组各由三只眼睛组成。这些眼睛极小，位置也更加靠前。左右两边各三个微小的凸眼珠排成一条很短的直线，光轴延伸向两侧。总之，蝎子小眼睛的位置与大眼睛一样，都不利于看清前面的景象。蝎子是摸索着前进的，也就是螫钳展开，伸向前方，指节张开来探索四周。它们只有触摸到身边暴躁的同类，才能认出它的存在。

我在家中露天的地方，为蝎子们建起了营地。这里非常安静，向阳又挡风。地面由卵石和红色黏土混合组成。我又给营地里的每一个居民挖了浅坑，填进与它们老家相似的沙土。我将一只蝎子放在浅坑前面，它一出圆锥形纸袋，就一头钻了进去，再也不出来了。为了更加全神贯注地观察，我建起了第二个养蝎场。这一次是建在我工作室的大桌子上。

在我桌子上，蝎子喜欢在白天阳光最炙热的时候享受热量。如果这天堂般的享受被打扰，蝎子便翘起多节的尾巴，马上钻进洞里，躲开阳光与视线。随着天气由寒转暖，无论是在院子的小镇里还是在钟形罩下的养蝎场里，蝎子们不管白天还是黑夜都不出来。我怀疑它们是不是冻僵了呢？其实并非如此。我总能看到它们翘起尾巴，随时准备进攻。天气一凉，它们便退到地洞深处；天气好时，它们就回到洞口，贴着被太阳烤热的石头暖暖脊背。

四月之后，在钟形罩下的蝎子们离开了花盆碎片下面的家。有的在绕圈，或者爬上纱网，还有几只蝎子夜里在外留宿。它们无论如何都不愿回地下的凹室里昏睡。外面被圈起来的蝎子小镇里，情况更为严重。夜里，一些小个子居民离家在外游荡，不久，大个儿的蝎子也开始表现出同样的游荡倾向。最后，小镇的外逃现象愈演愈烈，不久营地里连一只蝎子也不剩了。我原本将最美好的希望建立在这里，可它的居民们都逃离了小镇。我四处搜寻，可连一个逃兵都没找回来。

我有一间冬天用于存放肉质植物的温室，在这里我建造了一道无法逾越的围墙。我把墙面抹光，在地上铺了一层细沙，并在各处放置了一些大石板。经过精心准备之后，我就把余下的蝎子都安顿到了温室里，一块石板下放一只。第二天，所有俘虏再次全体失踪。总共二十余只蝎子，一只也没留下。其实只要略加思考，我就应该能料到这个结果。在秋天阴雨连绵的日子里，我曾发现黑蝎子蜷缩在窗缝里，为了避开院子阴暗角落的潮湿。

　　朗格多克蝎子的体形较大，与黑蝎一样都是攀登好手。眼前这一切就是证明。尽管屏障高达一米，并且非常平滑，却连一只俘虏也没能阻挡住。一夜之间，所有蝎子都从温室里翻墙逃走了。

　　我得出结论：露天养殖是行不通的，现在只有依靠养殖在钟形罩里的蝎群了。但是，每个钟形罩下的蝎子最多两到三只。这个数目远远不够。由于缺少邻居，同时也缺少它们原本在老家山丘上所享受的强烈日照，安顿在桌上的蝎子也没有达到我的期望。它们过着半梦半醒的日子，一直在幻想着自由的生活。从这些百无聊赖的观察对象身上获得的点滴收获，根本无法满足我的期望。

　　我计划建造一个玻璃围场，失去了攀缘的支点，蝎子们就无法攀登了。木匠为我搭了一个木架子，余下的工作由玻璃匠完成。为了让蝎子无法攀登立柱，我亲自在木头支架上涂了柏油。玻璃围场的底部是一块铺着沙土的木板，四周是一个封闭的空间，而上面有一个可以完全盖合的顶盖。这样的结构不但能抵抗寒冷的天气，而且还能防止雨水造成水灾。根据每一天的天气情况，顶盖打开的大小也有所不同。围场的空间要足够容纳二十多个花盆碎片，每个碎片下面只能住下一个客人 。此外，宽敞的过道和十字路口可供蝎子们作长时间的散步而不觉拥挤。

但这些顽固的攀登者们还是顺着这条光滑的木制立柱通道一点一点向上爬。如果不是我的及时发现，有几只就已经爬到顶端差点逃走了。由于需要通风，玻璃围场的顶盖在白天大部分时间里都是打开的，要是我不监视，蝎子们全体大逃亡大概也不会远了。我尝试了多种方法，最后，我只能依靠在玻璃上涂羊脂，才成功地制服了它们。此后，虽然仍有蝎子尝试逃跑，可再也没有成功的。自从启用了温室之后，蝎子们终于不再通过它们在光滑表面上的壮举，向我们展示其攀爬能力了，从它们肥大的体形上，我们根本无法预见这种能力有多强。

这样一来，我有院子深处的露天蝎子小镇，也有工作室里的纱网钟形罩，还有玻璃园。我对它们轮流进行观察，特别是玻璃园。如今，这座华丽的蝎子卢浮宫，已经成了我家的一景，它整年在花园的长凳上露天放着，离家门不到几步远。每当家里人经过时，都会朝它看上一眼。沉默寡言的朗格多克蝎子们，我能让你们开口说话吗？

知识百宝箱

在中国，每年4月惊蛰节气之后，蝎子就出来活动了。蝎子大多栖息在山坡石砾、树皮、落叶下，以及墙隙、土穴中，或荒地的潮湿阴暗处。它喜暗怕光，尤其害怕强光的刺激，但它们也需要一定的光照度，以便吸收太阳的热量，提高消化能力，加快生长发育。另外，蝎子对刺激性气味和巨大的声音也十分敏感，它们还喜欢潮湿的环境。蝎子是冷血动物，它的生长发育和生命活动完全受温度支配。

朗格多克蝎子的食物

    尽管朗格多克蝎子有着可怕的武器，好像可能习惯于掠夺和狼吞虎咽，可实际上它的饮食却十分简单。当我到周围山丘上的乱石堆中拜访它的居所时，我仔细地在它的巢穴里搜寻，希望能找到这巨妖盛宴后留下的残骸，但看到的却只是隐士吃剩的点心渣；通常我甚至什么发现也没有，至多是几片椿象的绿色鞘翅。

    直到近三月底时，朗格多克蝎子的胃口才渐渐大开。我在这一时期拜访蝎子的陋室时，偶尔能看到一两只正在细嚼慢咽地吃着猎物。随着四月的到来，蝎子的胃口也随之而来，该给它吃什么呢？我试着喂它们田间的蟋蟀。蟋蟀肚皮溜圆，就像黄油一样入口即化。我放了六只到玻璃园里，还摆了些莴苣叶子，以缓解蝎子窝里的恐怖气氛。蟋蟀歌手们好像一点儿也不担心可怕的处境，它们唱起优美的小曲儿，嚼起菜叶来。要是有一只散步的蝎子猛然间出现，蟋蟀们就看看它，并把纤细的触须伸过去。除了这些，过路怪兽的到来并没有激起它们任何的情绪波动。而蝎子呢，一望见蟋蟀便向后退去，生怕受这些陌生家伙的连累。要是它的螯钳末梢碰上其中一只蟋蟀，就会立刻惊恐万分，溜之大吉。六只蟋蟀在龙潭虎穴里住了一个月，可没有一只蝎子注意它们。它们太肥大、太丰满了。所以这六只蟋蟀就如刚来时那样，毫发无损、精神饱满地重获了自由。

我该到哪里去找朗格多克蝎子美味的猎物呢？一次偶然的机会我终于找到了。五月里，一种长着柔软鞘翅、长如一指之宽的昆虫前来拜访，它们是野樱朽木甲。它们忽然之间成群结队地飞进我的院子，就好像一团旋转的云，绕着开满黄花的冬青树上下飞舞，停下来拼命吮吸它的甜汁，还疯狂地忙着自己的情事。这欢腾的生活大概持续了两个星期，接着它们便成群结队地消失了，不知去向。为了寄宿在我这里的蝎子们，我要向这些游民征收一点贡赋，它们好像是朗格多克蝎子合适的食物。

我的推断是正确的。经过长而又长的等待，我终于看到了蝎子进餐的场面。蝎子镇静自若地用它那长着两个手指的螯钳猛地抓住猎物，然后将两只螯钳同时收回，把猎物放到嘴边，并保持着这样的姿势，直到进食结束。被吃的昆虫还在拼命挣扎着，这可惹怒了我们的食客，因为它喜欢不紧不慢、细嚼慢咽地进食。

于是，朗格多克蝎子的螯针向嘴的前方弯去，对着昆虫轻轻地扎了又扎，猎物终于安静下来。蝎子重新开始咀嚼，螯针则继续扎着猎物，好像食客在用叉子将食物一小块一小块地送进嘴里大嚼。

最后，猎物经过蝎子几个小时的耐心咀嚼，成了一团干枯无味又无法被胃所消化的小球；这团小球卡在喉咙的很深处，吃饱喝足的蝎子没法把它直接吐出来。这就需要螯钳的帮助，将它从食道中拉出来。贪吃鬼蝎子用一只螯钳的指端夹住小球，轻巧地将它从喉咙里拔出，扔在地上。这一顿吃完了，蝎子需要过很久才会吃第二顿。

每到黄昏时分，宽敞的玻璃围场会格外热闹，在关于蝎子饮食习惯方面，这里为我提供的信息比纱网钟形罩更加丰富。四五月份是集会和节日盛宴的最佳时节，我为玻璃围场提供了丰富的野味。当时，我的丁香小径里飞舞着许多菜粉蝶和金凤蝶。我用网捉了大约十二只，将它们的翅膀折去一半，再放入玻璃围场里。因为翅膀已断，它们是无法从那里逃走的。

晚上八点左右，朗格多克蝎子出洞了。它们先在瓦片房的门口停留了片刻，以了解外面的情况；接着，从四面赶来的蝎子们开始长途跋涉，尾巴有时翘起呈喇叭状，有时又平拖着，但顶端总是保持蜷曲，姿势根据它的情绪和所遇到的对象而定。玻璃墙前挂着一盏灯笼，依靠它所发出的不引人注目的光线，我观察到了事情的经过。

折了翅的蝴蝶们贴着地面一边打旋，一边短距离地飞着。蝎子们在这群杂乱而绝望的蝴蝶中间来来往往，不时将它们撞翻、踩踏，却并没有对它们产生好奇心。混乱之中，偶尔会有一只残废的蝴蝶落到蝎子的背上。蝎子对蝴蝶的放肆举动毫不在意，听之任之，还载着这奇特的骑手四处闲逛呢！有一些蝴蝶晕头转向地扑到正在散步的蝎子螯钳下，还有一些则正好碰到那可怕的嘴。可这一切都像做游戏一样，蝎子根本就不碰这些食物。

一个星期过去了，目睹了一些相同的场面之后，我对各个地点进行了考察，一个一个地拜访蝎子的洞穴，看看它们吃了多少蝴蝶。因为蝎子不吃蝴蝶的翅膀，所以它们的残余能为我提供这方面的线索。结果呢？只有极少数蝴蝶的尸体没有翅膀。差不多所有蝴蝶的尸体都毫发未损，这说明它们没有被吃过，便自行干枯了。其中有三四只没有头。这就是我仔细统计的全部结果。在这个生机勃勃的季节，整整一个星期，这些食头者只需吃上一小口就足够了。这里共有二十五只蝎子，二十五只都只吃一块碎屑便能填饱肚子。

也许蝎子对蝴蝶这种食物并不熟悉。要说它有时能在乱石堆的迷宫里捕到这样的野味，实在让人怀疑，因为蝴蝶爱光顾花团锦簇的枝头，喜欢蜿蜒着飞舞。因此，我推测可能是因为蝎子不了解这种猎物，所以才对它们置之不理；它们之所以勉强吃了一点，只是因为实在没有合适的食物。那么，它们在被太阳烤焦的荒地里，又能找到什么猎物呢？

初秋，我把四只中等体形的蝎子分别放进四只瓦罐，罐里铺着一层细沙，放上了一块花盆碎片。我用一片玻璃封住了罐子，预防灵活的攀登者外逃，同时还可以让阳光照进来，活跃一下住宅的气氛。此外，这个封口其实并不阻碍空气的流通，还能防止衣蛾和蚊子等小猎物进入围场。四个罐子被存放在一个温室里，那里的气温在一天的大部分时间里都好像热带一般。食物呢？我没有提供一丁点儿；也没有一星半点儿来自外面的猎物，甚至连一只游荡的蚂蚁也没有。在完全没有食物的情况下，这些囚徒们会怎样呢？

虽然蝎子们连食物碎屑都没有沾过，可仍然很活泼。它们钻到花盆碎片下面，开始挖掘，挖成了一个地洞，洞口由一道沙丘隔开。有时候，尤其是黄昏时分，它们会离开巢穴，做一番短途的散步，然后再回去。就算吃了食物，它们也不会有别的举动。

寒冬来临，尽管温室中没有霜冻，但囚犯们再也不离开自己的小屋了。为了抵御寒冷的冬季，它们把洞穴挖得更深了一些。这时它们的健康状况依旧良好。我经常在好奇心的驱使下前去拜访它们，总会看到朗格多克蝎子仍然精力充沛，能迅速地将我弄乱的罐子恢复原状。

冬季过去了，所有的蝎子们都活了下来。这没有什么特别的，因为在寒冷的日子里，蝎子减少了行动，因此饮食也会相应减少，甚至被完全取消。随着炎热的日子再度来临，消耗食物的进食活动也该重新开始了。当玻璃园里的同胞们正在食用蝴蝶和蝗虫时，那些被禁食的蝎子们在做什么呢？它们是不是无精打采、贫血无力呢？

完全不是的！它们与那些喂了食的蝎子们一样生气勃勃，还会翘起多节的尾巴，做出警示性的动作回应我的挑衅。要是我骚扰得过了头，它们就会沿着罐子的边缘赶快逃走。它们似乎并没有因饥荒而感到痛苦。但是，这种情况不会无限期地持续下去。到了六月中旬，三只朗格多克蝎子死去了；第四只一直坚持到了七月。总共九个月的时间对它们完全禁食，才终止了它们的生命。

我的另一组实验对象更加年幼一些，是大约两个月大的蝎子。它们的长度从额头到尾尖是三十多毫米。体色比成年蝎子还要鲜艳，尤其是螯钳，好像是用琥珀和珊瑚雕成的——在它们年幼的时候，这未来的可怕武器也有它美丽的一面。与成年蝎子一样，它们离群索居，在选好的避难所下面为自己挖掘了一个安全小洞，再用挖掘出的沙砾堆成一个隆起的沙堆，挡住洞口。只要从藏身处出来，它们就快速地跑着，还把尾巴翘在脊背上，摇晃着依然很细弱的螯针。

从十月起，我在四个喝水的玻璃杯里分别放进四只小蝎子，再在杯口蒙上一层薄纱。所以外面不管多么细小的猎物，都无法进入杯中。杯子里有深度为一指之宽的细沙供蝎子们挖掘，还有一片弯曲的硬纸板作为藏身之所。结果，面对着禁食生活，这些小不点儿们几乎与成年蝎子一样勇敢地存活了下来，它们仍然活蹦乱跳地迎来了五月和六月。

这两个实验向我们成功地证明了：朗格多克蝎子能在一年中四分之三的时间里不吃东西，同时保持活力。

知识百宝箱

法布尔对朗格多克蝎子非常感兴趣，这种模样有些令人恐怖的蛛形纲昆虫，因为拥有毒针这个有力的武器，对于胆敢冒犯它的对手，总能将其轻而易举置于死地。为了了解蝎子爱吃什么，法布尔特意为它们找来一些昆虫作为食物。但是蝎子们显得兴趣并不大，这向我们揭示了蝎子不是贪得无厌的捕食者，而是自制力非常强的昆虫，它能在一年四分之三的时间里不吃东西。

朗格多克蝎子的毒液

蝎子在攻击日常作为食物的小猎物时，基本不用它的武器——螯针。它用两只螯钳捉住昆虫，将它牢牢放在嘴边，轻轻地细嚼慢咽。如果有时候食物努力挣扎、扰乱了进食，它才会弯起尾巴，反复地轻轻蜇刺，让食物动弹不了。总之，在捕食过程中，蝎子的螯针所起的作用并不是那么重要。

螯针真正发挥作用是在蝎子面对敌人的生死存亡关头。那有谁敢攻击蝎子呢？尽管说我不知道蝎子一般会在什么情况需要自卫，但要使用计谋、制造一些机会让它认真地打一仗，对我来说还是很容易的。为了测试蝎子毒液的强度，我打算在昆虫世界的范围里，让它尽可能地面对各种强大的对手。

我猜想，蝎子对捕捉螳螂是不会无动于衷的，因为螳螂也是上等的猎物。当然，蝎子不会到荆棘丛里去实施突袭，那里是抢夺成性的螳螂惯居的地方；蝎子的攀缘能力尽管特别适合于爬墙，却根本不能在抖动的草叶上行走。它必须选择夏末雌螳螂分娩的时候进行攻击。事实上，我时常能在蝎子出没的石堆里，找到贴在石头底下的螳螂窝。

夜深人静，当螳螂产妇正在让盛满卵的小箱子里的黏液起泡时，寻找食物的强盗可能就会出现。这时发生的一切我从未见过，可能以后也看不到；如果想一睹这种场景，那简直需要天大的好运。那么，就让我们人为地创造机会，来弥补这个遗憾吧。

我挑选了大个儿的蝎子与螳螂，让它们在土罐竞技场里决斗。为了取得好的实验效果，我刺激它们，把它们推到一处。我已经知道，蝎子尾巴的攻击并非全都是动真格的，有许多次只不过是扇个耳光罢了。蝎子非常爱惜毒液，不到紧急关头不屑蜇刺对方，它会猛地用尾巴一击，将讨厌鬼推开，但并不使用螫针。在多次实验中，只有几次尾巴的攻击在对手身上留下流血的伤口，这表明螫针已经扎入进去了。

螳螂被蝎子的螫钳抓住后，马上摆出幽灵一样的姿势，张开带有锯齿的前肢，并把翅膀展开呈盾形。这个吓人的动作不但不会给螳螂带来胜利，反而有利于蝎子的攻击：螫针从螳螂的两条锯刀前肢之间扎入，一直深入到根部，并在伤口里停留了片刻，拔出时，针尖上还渗着一滴毒液。螳螂立刻收起腿脚，垂死挣扎地抽动起来。它的腹部搏动着，尾部的附属器官一阵一阵地摇摆，脚上的跗节①也隐约在抖动，而它的锯

---

① 昆虫足的第五节。

刀前肢、触须以及口器却一动不动。这种状态持续了不到一刻钟，螳螂就已经完全动不了了。

接着疲劳向螳螂袭来，并因为恐慌而更加剧烈了。螳螂仅仅抓住那根在眼前挥舞不已的蝎尾，以为这和蝎子身体的其他部分没什么区别，压根就没有想到这一举动有多么巨大的威力。最后，这无知的可怜虫松开了它的捕兽夹。这下子螳螂完蛋了。蝎子刺中了它第三对足旁边的腹部。螳螂的器官马上完全失调，就如同一个机械系统绷断了主要弹簧而陷入瘫痪一样。

我没有办法让蝎子根据我的想法去刺中这个或那个部位，它缺乏耐心，不能容忍任何试图操纵它的武器的放肆举动。我只能利用搏斗中所发生的各类偶然事件。其中有一些值得记录下来，因为这些被刺中的部位离神经中心较远。

有一次，螳螂被刺中了它两条锯刀前肢中的一条，就是长着细嫩皮肤的腿节与胫节的相连处。被刺中的前肢立马瘫痪，紧接着另一条也动弹不得。其他腿脚也紧接着蜷缩起来。螳螂腹部抽动着，用不了多久全身就完全不动了。死亡来临得如同闪电一般迅速。悲剧场面是这样的震撼，激起了我极大的好奇心，它驱使我做了各种实验，而每一次的情况都是如此。无论被刺中的部位如何，也无论它距神经中枢是近还是远，螳螂总是会死去，要么立马死亡，要么经过几分钟的抽搐。

现在轮到蝗虫中最大最壮的灰蝗虫了。它们在一起时，蝎子好像因为身边有这样好动的家伙而感到担忧。而对于蝗虫来说，它巴不得马上离开。它高高跳起，撞在玻璃片上——这是我为了预防虫子们逃离竞技场而盖在上面的。有时，蝗虫会掉落在蝎子背上，蝎子逃着避开了。最终，逃跑者不耐烦了，便蜇了蝗虫的腹部。

蝗虫受到的震撼一定猛烈异常，因为它一条粗大的后腿马上就脱落了，这是蝗虫类昆虫在绝境之中经常出现的关节自动脱落现象。它的另一条腿也瘫痪了，它伸直并竖立起来，再也不能支撑在地面上。弹跳也就到此结束了。这时候蝗虫前面的四条腿杂乱地舞动着，无法前进。不过如果将它侧着翻倒，它依然能翻转过来，恢复正常的姿势，可是那条粗大的后腿还是无力地竖着。

十五分钟过去了，蝗虫倒了下去，再也没有站起来。在相当长的时间里，它仍然抽动着，伸展着腿脚，抖动着跗节，摇晃着触须。这种状况越来越严重，能一直持续到第二天；不过，也有特殊情况，用不了一个小时，蝗虫就完全不动了。

我还观察过葡萄树上的距螽，这大腹便便的虫子被刺中了腹部。受伤的那一刻，它发出一声响亮的悲惨叫声，紧接着便掉落下来，侧身摔在地上，表现出马上就要死去的样子。可是，这个伤员仍然硬生生地挺着。两天后，看到它虽然腿脚已经失调，失去了行动的能力，却还在奋力尝试，我便产生了帮它一把、替它治疗的想法。我用稻草秆引了一些葡萄汁作为药物给它服，它乐意地接受了。

这药水好像起了作用，距螽看上去在慢慢地恢复健康，可事实却根本不是这样！被刺的第七天，可怜的距螽就死去了。蝎子的毒针对于任何一种昆虫，哪怕是最强壮的，都是残酷致命的。有的立刻丧命，有的则苟延残喘几天，但最终的命运都一样，那就是死去。尽管那只距螽活了一个星期，但我认为这并不是我给它服用葡萄汁药的功劳。它能坚持这么长时间，是因为它自身的身体特点。

一般说来，伤势的严重程度是随注入毒液的量的不同而发生变化的。我没有能力控制毒液的注入量，毕竟蝎子通过毒管分泌毒液时非常随心所欲，有时它很吝啬，有时却慷慨得近乎浪费。而距螯提供的资料差别也很大，根据我的记录，有些实验对象在短时间内就死去了，然而其他大多数对象却都经过了长时间的垂死挣扎后才慢慢死去。

傍晚来临，大蜻蜓穿着黄黑礼服，安静地沿着篱笆来来回回、笔直疾飞。它好像是一个海盗，在这片宁静的地方截取所有过往船只的钱财。它那激情的生命、那狂暴的行径，都反映出它的神经分布比蝗虫这种在草地上安详反刍①的昆虫更加复杂。但现实中当它被蝎子蜇咬以后，死得几乎与螳螂一样快。还有蝉，这个精力旺盛的家伙，在炎热的夏季从早到晚不停地歌唱，还上下摇摆着自己的腹部，为洪亮的歌声打节奏。它死得也是那样迅速。

作为蝎子的猎物，鞘翅科昆虫一般体形庞大，还装备着角质装甲，看起来刀枪不入。蝎子的剑术蹩脚，只会没有方向地随便出击，它是怎么也找不到鞘翅科昆虫胸甲间狭窄的接缝这个弱点的。如果要想刺穿它们坚硬外壳的某一个部位，则需要一段时间的用力；尽管在杂乱的自卫过程中，被攻击者是不会让蝎子有时间用力的。再说，蝎子这粗鲁蠢笨的家伙也不懂得钻孔的战术，它只会给予对手猛地一击。

---

① 是指进食经过一段时间以后将半消化的食物返回嘴里再次咀嚼。

在进攻中，蝎子能用螯针刺中的部位只有一个——鞘翅科昆虫的上腹，因为那里非常柔软，由鞘翅保护着。观察时，我用钳子将鞘翅和翅膀掀起，让这个部位暴露出来，或者用剪刀将它们统统除去。这种切除手术的后果并不严重，被切除鞘翅和翅膀的鞘翅科昆虫还能存活相当长时间。我将这样的昆虫放到蝎子面前。而且，我专门选择个头儿最大的鞘翅科昆虫：比如有带角天牛、天牛、金龟子、步甲虫、金匠花金龟、腮角金龟、粪金龟等等。可是这些昆虫，在蝎子的螯咬下无一幸免，都在毒液的进攻下死去了。

知识百宝箱

朗格多克蝎子的习性蒙着神秘的色彩。它的尾端有一个六节体，表面光滑，呈泡状，是制作并储存毒液的小葫芦。蝎子毒液的外表看上去好似水一般，但毒性极强。毒腔终端是一根弯弯的螯针，颜色较暗，十分尖利。针尖上有一个小细孔，毒液就是从这里流到被螯方身体中去的，当遇到敌人时，蝎子会将自己的螯针插到对方的身体中，使对方死亡。

朗格多克蝎子爱的序曲

四月里，当燕子归来、布谷鸟唱出第一个音符时，以前安静的围场小镇里正在发生一场革命。夜幕降临后，许多蝎子陆陆续续地离开住所外出，再也没有回来。更为严重的是，同一块石头下经常有两只蝎子，其中的一只正在吞噬另一只。被吃的蝎子全都是中等个头儿，它们体色更加金黄，腹部并不那么突起，这证明它们都是雄性。

在一九〇四年四月二十五日，我发现了一件奇怪的事。以前可从来没有见到过！我看到雄蝎在前面，稳稳当当地倒退着，没有遭到任何攻击。雌蝎顺从地跟随着，它的指尖被捉住，面对着拖它的雄蝎。尽管闲逛过程中有一些停顿，可这都阻碍不了它们手拉着手。闲逛时断时续，有时在这儿，有时在那儿，从围墙的一头到另一头。没有任何迹象能表明它们闲逛的目的地在何处。它们游荡着，无所事事，互送秋波。

　　夜里十点左右，闲逛终于结束了。这时，雄蝎爬上一块花盆碎片，好像对这个隐蔽所很满意。它松开女伴的一只手，仅仅只是一只，但仍然握着另一只手；它用腿脚不断地挖土，用尾部进行清扫。一个地洞就这样被打好了。雄蝎先是走进洞里，缓缓地、轻柔地将耐心等待的雌蝎拉了进去。不一会儿，它俩都不见了，钻进了自己的家。最后用一道沙砾屏风堵住了洞口。

　　到了五月十日晚上七点左右，天空乌云密布，这表明不久将有一场阵雨。在坡璃笼子里的一块花盆碎片下，一对蝎子一动不动，面对面互相捉着对方的指节。我小心翼翼地掀起碎片，清晰地露出下面的场景，以便更好地观察这次幽会的结果。夜幕降临，我觉得好像没有什么能打破这间没有房顶的小屋里的宁静了。一场大雨让我只好撤退。而那两只蝎子有笼盖遮挡，不用避雨。就这样，它们可以专注于它们的情事，可失去了房顶的屏风，它们会做些什么呢？

　　一个小时后，雨停了，我回去看我的那对蝎子。雄蝎还是稳稳当当地倒退着，一边指引方向，一边根据自己的心愿选择住处；雌蝎顺从地跟随着——这与我四月二十五日看到的场景完全一样。最后它们终于找到了一块满意的瓦片。雄蝎先钻了进去，然而这次它一刻也没有松开它的女伴，紧紧地握着后者的双手。它用尾巴清扫了几下，家就收拾好了。雌蝎在雄蝎轻柔的引导下被牵进了洞。两小时后，我再次前去拜访它们，自以为已经给了它们充分的时间完成准备工作。我掀起瓦片，它们姿势依然没变，面对面，手牵手。看来今天我观察的就只能是这些了。

　　五月十二日到了，今晚的情景会告诉我们什么呢？天气炎热，但很静谧，正适合夜间嬉戏。一对蝎子成了情侣，可我没注意它们是怎么开始的。这一次，雄蝎在体形上比大腹便便的雌蝎大姐显然要小得多。然而矮小瘦弱的它还是勇敢地履行了自己的职责。它按照惯例倒退着行走，尾巴卷成喇叭状，拉着胖胖的雌蝎绕着玻璃城墙散步。一圈又一圈，一会儿朝着一个方向，一会儿朝另一个方向。

　　没想到接下来便发生了深夜里令人发指的悲剧。第二天早晨，我在昨夜的瓦片下发现了雌蝎。瘦小的雄蝎在它身边，可是已经被杀，而且被吃掉了一小部分。它的头、一只螯钳和一对腿脚都不见了。我将雄蝎的尸体放到洞口看得见的地方。整整一天，雌蝎连碰也没有碰它一下。当夜幕再度降临之时，它才出门，路上碰见了死去的雄蝎，便将它拖到远处，以便为它举行体面的葬礼，也就是说继续将它吃完。

　　又过了两天，我可以肯定的是，每天夜里让我的虫子们焦躁不安的并不是饥饿。它们出来夜巡时，寻找食物不费吹灰之力。我为忙碌的蝎群奉上了丰富的食物，它们都是从我认为最适合的食物中精挑细选出来的：有肉质鲜嫩的小蝗虫，有肉味鲜美无比的小飞蝗，还有折去翅膀的尺蛾。再过一段时间，我又加进了美味的蜻蜓，我知道这是蝎子非常喜欢的食物，因为我以前在蝎子的洞穴里发现过与蜻蜓相似的成年蚁蛉的残骸和翅膀。

　　面对如此丰盛的食物，蝎子们却视若无睹，没有一只去注意它们。在混杂的昆虫中，蝗虫轻跳着，蛾子用残翅拍打着地面，蜻蜓则瑟瑟地发着抖，而过路的蝎子们对它们却毫不理睬。它们被蝎子践踏、踢翻，或遭到蝎尾横扫而被推开。总之，蝎子不需要它们做食物，完全不要。蝎子有其他事情要办。

今天，幸运女神总算向我微笑了。一对蝎子就在我眼前，在灯笼的照耀下，互相交了朋友。一只雄蝎兴高采烈地快跑着穿过蝎群，忽然发现自己正面对着一只令它心仪的过路雌蝎。后者没有回绝它的邀请，事情就这样迅速地发展下去了。

两只蝎子额头对着额头，螯钳拉着螯钳；它们使劲地摇摆着尾巴，竖起身子，尾巴末端相互勾着，缓慢而轻柔地相互摩擦抚摸。让我们跟着这只雄蝎去看看吧，它很快地倒退着离开了，一副悠然得意的样子。途中遇上了其他雌蝎，它们排成行，好奇地看着这对情侣，或许还带着一点羡慕。甚至还有一只扑向被牵引着的雌蝎，抱住它的腿脚，拼命阻止这对情侣前进。雄蝎受到这样大的阻力，累得筋疲力尽，它用力摇晃，使劲拉扯，可是于事无补，散步没法继续下去了。雄蝎毫无悔意地抛下了自己的女伴，向身边另一只雌蝎爬去。这一次，雄蝎简短地说了几句，没有其他表白，就紧紧抓住雌蝎的手，邀请它去散步。可是，这只雌蝎抗争了一下，脱身逃走了。

雄蝎并没有放弃，又向好奇的旁观者中的另一只雌蝎示好，举动仍然那么粗鲁。雌蝎接受了，但这并不意味着它半路上就不会离开这只雄蝎。现在，它们额头碰着额头。雄蝎用比其他腿脚更加灵敏、更加灵活的前腿轻柔地拍打着雌蝎那张可怕的面具，在它眼里，这的确是姑娘一张漂亮的小脸蛋儿；它还满怀爱意地用自己的下颌轻咬着、逗弄着对方同样极其丑陋的嘴。真是温柔而天真到了极点。据说吻是鸽子发明的，可我找到了比鸽子还早的接吻者，那就是蝎子。

雄蝎的心上人被动地任其摆布，可心里还有一走了之的念头。究竟怎样逃走呢？简单极了。雌蝎用自己的尾巴当棍子，打在热情过头的男伴的手腕上，后者立刻就松了手。这就表示分手。可到了明天，雌蝎如果不再赌气，一切又将继续下去。

可想而知，我们在初步的观察中看到顺从的雌蝎打了雄蝎一棍，这说明雌蝎也有它任性的地方，会断然拒绝对方，也会突然要求分手。

事情就发生在五月二十五日晚上，雌雄两只蝎子仪表堂堂地散着步。它们找到一块瓦片，看来还挺舒适。为了行动方便些，雄蝎松开雌蝎的一只螯钳，仅仅是一只，用自己的腿脚和尾巴将入口打扫干净。然后，它钻了进去。因为洞穴逐渐挖成，雌蝎好像也心甘情愿地跟了进去。

可不久之后，大约是住宅与时机都不合雌蝎的意，它又倒退着出现在门口，一半身子已经出了洞穴。雌蝎抗拒着拉住自己的雄蝎，而对方则将它拖向自己，只是还没露出身子来。争吵非常激烈，一只在屋里奋力拉，另一只则在外面使劲扯。它们时而前进，时而后退，不分胜负。最后，雌蝎猛使出全身力气，将雄蝎拉出洞来。

这对蝎子并没有分手，它们又重新到了地面，开始散步。在漫长的一个小时里，它们沿着玻璃壁走着，有时朝这儿转，有时朝那儿转，接着又回到了刚才的那块瓦片前，完完全全就是同一块瓦片。道路已经开通，雄蝎迫不及待地钻了进去，像疯了似的将雌蝎往里拖。雌蝎在外面努力抗争着。它伸直腿脚，在地上划出道道痕迹，并将尾巴用力靠在瓦片拱起的部位上，就是不愿意进去。

石头下的劫持者也没有放松，它施展计谋，终于使反抗的雌蝎顺从地进了洞穴。十点的钟声刚刚敲响过。我下半夜必须保持清醒，等着看结果；我要在恰当的时候把瓦片翻过来，看看下面的情况。良机难逢，可得好好利用。我会看到什么呢？什么也没有。

半个小时刚过，顽抗的雌蝎终于脱了身，离开了洞穴逃走了。雄蝎马上从洞穴深处跑了出来，停在门口四处张望。它的美人儿已经跑了。雄蝎灰心丧气地回了家。它受了骗，我也一样。

知识百宝箱

朗格多克蝎交配时十分有趣。雄朗格多克蝎找到一只雌朗格多克蝎，邀请它去散步。当走了一定路程的时候，它会用两只钳紧紧地抓住雌性蝎，然后尾巴与雌性蝎尾巴紧连在一起。这个过程结束后，就寻找窝，找到合适的窝之后便把雌性朗格多克蝎带进窝里。过了一会儿，惨剧就会发生，根据朗格多克蝎的家规，雌蝎会把雄蝎给吃掉。

朗格多克蝎子的交尾

六月来了，我一直将灯笼悬挂在外面，和玻璃壁保持一定的距离。这是因为担心光线过于强烈，会对蝎子们造成干扰。当我把灯笼放到蝎子住的笼子里面正中央的地方，各个角落立马都被照亮了。蝎子们其实没有被吓着，反而欢快地向那儿靠拢。它们聚拢到灯笼附近，有一些甚至打算爬上去，以更加靠近光源。它们依靠玻璃周围的框架，爬到了那里。它们牢牢抓住白铁皮的边，坚持不懈，全然不担心会打滑，终于到达了高处。在那里，它们一动不动，身体有一部分贴着玻璃，剩下的一部分贴着金属支架，整晚如痴如醉地看着那盏小灯的光芒。它们让我想起以前的大孔雀蝶，在我灯笼的光芒下心醉神迷。

在灯笼脚下的亮处，一对蝎子毫不犹豫地摆出了直立的造型。它们优雅地用尾巴互相拍打，接着便开始走动。只有雄蝎是主动的，它用每只螯钳的两个指节牢牢地抓住雌蝎螯钳相应的两个指节。雄蝎自己在用力握着，只有它能随时打算解除这相互套在一起的姿势——只要张开双钳即可。而雌蝎却不能做到这些，因为它是被俘的，劫持者给它戴上了拇指铐。

第二天早晨六点我前去拜访时，它们已经在瓦片下，保持着散步时的姿势组合，也就是说面对着面，手指拉着手指。在我观察它们的时候，还有别的蝎子结成了一对，而且开始长途跋涉。它们选择这么早就开始远行，这让我非常惊讶。因为我从没有见过蝎子在大白天干这种事，可能以后也很少看到。按照惯例，这种成双成对的散步都是在夜幕降临时才开始的。今天怎么会这么着急呢？

有两只蝎子更加激动，它们出了洞，经过一些敞着门的小屋，想进去。可是小屋里早已经有了一只雄蝎。然而，同住一室并没有引起战争，新老住户肩并着肩，相安无事。它们各自陷入沉思之中，纹丝不动，不过手指还是相互牵着。这种状况整整持续了一整天。大概晚上五点左右，两对蝎子分开了。雄蝎们好像想同往常一样，去享受黄昏的快乐时光，于是离开了小屋；相反，雌蝎们却留在了瓦片底下。

这种四只蝎子共处一室的例子并不是独一无二，这种相互容忍的情况只存在于成年蝎子之间。两只雄蝎都用一只螯钳的指尖抓住雌蝎靠近自己一侧的手。一只雄蝎在右，另一只在左，使尽全身力气向不同的方向拉同一只雌蝎。它们的腿脚用力向后撑着，作为杠杆，臀部轻轻颤动，尾巴摇摆着，为自己增添力量。这时它们又摇又晃，猛地向后退，拉扯着雌蝎，看起来就像要把雌蝎撕裂成两半。求爱的表白成了将雌蝎撕裂的威胁。被撕扯的雌蝎在受虐待，而且十分粗暴。看着这两个狂热的家伙相互争夺的样子，我真害怕雌蝎的胳膊会被扯断。不过这样的情况并没有发生。

两名对手的争斗没有结果，却都累得不行。最后它们两只空着的手相互握在一起，这样，三只蝎子组成一个圈，开始新的一轮撕扯。每一只都动个不停，时而进，时而退，全力拉扯，直至竭尽全力。突然，最疲惫的那只蝎子松了手，它逃走了，把自己全力争夺的温柔对象拱手让给了对手。胜利者立刻用空闲的那只螯钳捉住雌蝎，和它配成对子，又开始散步。而战败者呢，不要为它担心，它很快就会在蝎群中遇到另外一只雌蝎。

再来看一个和平竞争的例子。一对蝎子四处走动。雄蝎身材非常的瘦小，却十分喜欢散步游戏。当它的女伴不愿意前进时，它便摇晃着拉拉扯扯，震得自己的脊背一阵阵地颤抖。这时，猛然之间出现了另一只更加壮实的雄蝎，像个壮汉。它对雌蝎大姐一见钟情，便想占为己有。它会不会滥用蛮力，扑向瘦小的蝎子，将其痛打一顿，甚至刺上一刀呢？这是不可能的，在蝎子们之间，这种事情是不靠武力决定的。

壮汉没有为难矮个儿的雄蝎。它直奔自己追求的姑娘，一把抓住雌蝎的尾巴。接下来就看谁的力气大了，一只雄蝎向前拉，另一只使劲往后扯。短暂的争斗之后，两只雄蝎各自拉住了雌蝎的一只螯钳。接着，一只雄蝎在左，另一只在右，疯狂地用力拉着，仿佛它们要把雌蝎大姐肢解了一样。最终，瘦小的雄蝎甘拜下风，松开手逃走了。大个子握住雌蝎那只被松开的螯钳，没有再发生意外，新的一对儿又开始散步了。

我想借此机会了解散步的蝎子情侣们藏在瓦片下究竟干了些什么，可收获不大。我希望从头到尾地看到那温情浪漫的细节，但翻转花盆碎片的方法行不通，哪怕是在静谧的夜里。我试过好几次，全以失败告终。只要房顶一被掀去，蝎子夫妇就会重新开始跋涉，去另一个隐蔽的地方。

现在，机会终于来临了。七月三日早晨近七点，一对蝎子吸引了我的注意，我前一夜刚看到它们配成对儿，四处散步并找地方住了下来。雄蝎在瓦片下，除了螯钳末端，整个身体都看不见。小屋不宽敞，挤不下它俩。

雄蝎进了屋，而肚子溜圆的雌蝎却留在屋外，手指仍被男伴牵着。它的尾巴弯成一个大拱形，懒洋洋地侧斜着，螯针的针尖放在地上。四平八稳的八条腿摆出后退的姿势，全身则纹丝不动，这表明它在等待机会逃走。我一共探访了二十次这只胖雌蝎，没有看到任何臀部的动作和姿势的改变，也没有看到尾巴任何的弯曲变化。即使它变成了石头，也不会像这样纹丝不动。

雄蝎没有更多的动作。我一看到它的指节，就知道它是否换了姿势。两只蝎子已经这样一动不动地消磨了夜里大部分时间，白天仍是如此，一直持续到晚上近八点。它们两两相对会有什么感受呢？它们静止不动，手牵着手在做什么呢？如果允许的话，我会说它们在沉思。这是唯一能描绘它们的词。到现在没有一种人类语言能用恰当的词汇来形容相互牵着手指的蝎子们那幸福与沉醉的样子。

八点左右，小屋外面已是热闹无比，这时雌蝎突然一动，焦躁地用力挣脱了雄蝎。它收回一只螯钳，拖着另一只螯钳，逃之夭夭了。为了挣脱这条迷人的锁链，它用力太猛，所以一边肩膀都脱臼了。它一边脱逃，一边用那只没有脱臼的螯钳探着路。最后雄蝎也离开了。今天夜里一切就都结束了。

这种成双成对的散步在夜里一直进行着，它显然预示着更加重要的事件。在走到最后一步之前，散步者相互交流，展现自己的优雅之处，夸耀自己的优点。那么最终的时刻究竟什么时候才会来呢？在这样的守候中，我的耐心慢慢地消耗着；我延长熬夜的时间，翻起花盆的碎片，满心希望，可一切都是白费心机。我没有得到任何一个满意的结果。

只有一次，我隐约看见了这道令我日思夜想的难题答案。当我翻起石块时，雄蝎正翻转着身体，但仍然握着雌蝎的手；它肚子朝天，慢慢地后退着滑到它女伴的身下。当雄蟋蟀的要求终于被雌蟋蟀接受之后，它也是这样行事的。蝎子夫妇只需纹丝不动地保持这种姿势，就可以完成交尾了，可能它们就是通过相互咬合来达到固定不动目的的。但是，因为住所遭到入侵，叠在一起的两只蝎子受到了惊吓，立马就分开了。对于后来发生在房里的事情，我了解得更加清楚。我在这对蝎子夜间散步后藏身的瓦片上做一个记号，第二天我们会在那儿看到什么呢？一般情况下就是前一天夜里的那一对蝎子，它们面对着面，手牵着手。

有时候瓦片下只剩下雌蝎。因为雄蝎想法脱身离开了。在五月，当这种爱情游戏进行得如火如荼之时，我常常能看到雌蝎在咀嚼品尝被它杀死的雄蝎。谁是谋杀犯呢？显然是雌蝎。这种残忍的习性像螳螂，假如雄蝎子不能及时抽身，便会被刺死并吃掉。雄蝎有时候能够脱身，那

193

是因为依靠灵敏的身手和决断力。然而并不是每一次都能成功。它可以选择松开双手——由于是它主动握着对方的手，所以它只要抬起拇指，就能解除这种束缚。但还有螯钳这个魔鬼机械，原先享乐的用具此时却变成了圈套。它的两侧都长着长长的锯齿，它们啮合在一起，紧紧地咬着。这样雄蝎要快速分离是不可能的，所以那可怜的家伙完了。

知识百宝箱

　　蝎子是无处不在，无论是山脉、沙漠、热带地区、洞穴，还是核爆炸后的地区。只要是它的栖息领地，它们都扮演着多重猎手身份，它们可以蜇伤各种动物和一些捕食它们的鸟类。但很少人知道它们的最大敌人竟然是自己，超过一半的雄性沙漠蝎子都是死于与雌性配偶交尾完成之后。当然，也有幸存者。有些雄性蝎子在与雌性交尾前会蜇一下雌性，让雌性完全屈服，这可能是限制雌性交尾完成后将雄性完全吞食的一种策略。

朗格多克蝎子的家庭

整整一个秋天过去了，我收集的蝎子中没有任何添丁的迹象。等到冬季来了，朗格多克蝎子依然没有满足我的期待。这证明蝎子们的怀孕期是相当长的。

为了对它们进行细致的观察，我将每一只雌蝎妈妈连同它们的孩子分别装进容积较小的容器里。我早晨去观察它们时，夜里分娩的雌蝎们的腹下还有一部分小蝎。我用一根稻草将蝎子母亲挑开了，在那些还没有爬到母亲背上的小蝎堆里发现了一些东西，这些东西足以从根本上推翻书本在这个问题上给予我的那些少得可怜的知识。书上说，蝎子是胎生的。这个学术词汇并不见得准确，其实小蝎子并非一出生就有着我们所熟知的身体形态。

现实情况是在蝎子妈妈身下找到的残留物中，我看到了卵，真正的卵，几乎与通过解剖从怀孕后期的卵巢中提取的卵差不多一样。小蝎子非常节省空间地被浓缩成米粒大小，尾巴贴腹部，螯钳压在胸口，腿脚紧缩在两侧，这样一来，小小的卵状颗粒表面便没有一点突起，能够慢慢地滑动。前额上的几个深黑色小点是眼睛。小昆虫漂浮在一滴玻璃般透明的体液中，这体液被一层极其细腻精致的卵膜包着，这暂时就是它的整个世界和环境。

这些东西就是实实在在的卵。一开始，朗格多克蝎子一次能产三十至四十枚卵，黑蝎则略少一些。由于耽误了对夜间分娩的观察，我只看到了尾声。可剩下的短暂片断却足以让我确信不疑。所以，蝎子确实是卵生动物，只不过它的卵孵化十分迅速，幼蝎在卵产下片刻之后，便能获得自由。

然而幼蝎是怎么从卵中获得自由的呢？我非常幸运地看到了这一过程。只见蝎子妈妈用大颚尖温柔地叼住卵膜，然后撕开、剥下并吞进肚去。它小心翼翼地将新生儿剥离出来，温柔得就像母山羊和母猫吃胎膜的时候一样。尽管使用的工具很粗糙，可它对小蝎刚刚形成的肌肉没有造成丝毫的损害，也没有丝毫扭伤。

惊讶之余，我难以相信的是蝎子为动物们开创了与我们人类非常相似的分娩行为。在遥远的石炭纪，当第一只蝎子出现时，这种温柔的分娩方式已在慢慢地形成。卵好像长时间沉睡的植物种子，为当时的爬行类和鱼类所拥有，以后又为鸟类和所有的昆虫所拥有，它与无比精致的生物机体一起存在。在胎生行为中，卵的孵化已经不在体外，而是在母亲的腹中完成。

　　就这样，幼蝎们被蝎子妈妈小心地剥去卵膜，干干净净，自由自在。它们浑身上下洁白。朗格多克蝎子的幼仔从额头至尾尖体长约九毫米，黑蝎的幼仔则为四毫米。剥离卵膜的清洁工作结束后，幼蝎们便一只一只不紧不慢地沿着蝎子妈妈平放在地面上的螯钳，爬上了母亲的脊背。原来雌蝎之所以将螯钳这样放着，就是为了方便幼蝎的攀登。幼蝎们一只紧挨着一只，胡乱聚集成群，在母亲的背上形成连绵不绝的一片。它们借助自己的小爪子，安安稳稳地待在那儿。如果在用刷子刷的时候不用一点力，要把这些柔弱的小生命扫下来还真不容易。蝎子妈妈充当的坐骑和它背上载着的幼蝎都保持这种状态，纹丝不动。

　　雌蝎身披由幼仔组成的白色薄纱短斗篷，这是多么壮观的场面。它一动不动，尾巴高高翘起。如果这时我拿一根稻草秆接近那群孩子，它便会立马举起一双螯钳，一副被激怒的样子。这种强硬的态度即使是在它自卫时也很少见。雌蝎直起双拳，摆出拳击的架势，两只钳子张得大大的，随时做好了反击的准备。然而它的尾巴极少挥动，可能是因为尾巴突然放松会牵动脊背，就会将背负着的一部分孩子抖落下来。有双拳的震慑力就可以了，它们看起来是那么勇猛、迅速、威风凛凛。

　　因为好奇心的驱使，我并不把这威胁放在心上。我刷落一只小蝎子，并把它放在母亲面前一指宽的地方。雌蝎看来并不操心这起意外事故，它原来纹丝不动，现在还是那样纹丝不动。为什么要为掉下来的孩子操心呢？小蝎子不一会儿就会自己脱离困境的。幼蝎活动着腿脚，四处摆动着，接着就够到了母亲的一只螯钳，它敏捷地又爬了上去，回到了兄弟姐妹的行列中。

更大规模的实验又得以重新开始。这一次，我让雌蝎脊背上更多的幼仔掉了下来。小蝎子们四散落下来，但距离母亲并不远。这一回雌蝎犹豫了相当长的时间。当这群孩子漫无目地四处乱跑时，母亲最后为此着急起来。它将双臂围成了一个半圆，一边耙地，一边掠过沙砾，把那些迷途的孩子们拨回身边。它的动作看起来那么笨拙那么粗鲁，一点儿都没有考虑到会压伤孩子。母鸡用温柔的召唤让走远的小鸡回到自己的怀抱；雌蝎却用耙子将自己的孩子聚集起来。不过孩子们都安然无恙，没有受伤。小蝎子们只要一碰到母亲，就攀上去，又一次聚集到它的背上。

雌蝎一旦做了母亲，就没有了娱乐消遣。它有相当一段时间足不出户，即使在夜里，当其他蝎子嬉耍的时候，这位尽职尽责的母亲，仍然闭门守在自己的小房间里，不问吃喝，专注于喂养孩子。

事实上，这些柔弱的小生命还要面临着一场棘手的考验：因为它们必须再获新生。幼蝎们在一动不动的状态中时刻准备着，身体内部也经历着一场由幼虫转化为成虫的变化。尽管它们已经初步具备蝎子的外形，可是它们的轮廓仍然比较模糊，就好像透过雾气看到的一样。所以可以推断，它们此时还穿着一件童装，只有脱去这件童装，才能变得细长轻巧，获得清晰的轮廓。

幼蝎的外皮不是沿着一条特殊的裂缝裂开的，而是前、后、两侧同时裂开；它们的腿脚从护腿套中挣脱出来，螯钳慢慢离开了护手甲，尾巴也慢慢脱了鞘。最惊人的变化是，它们忽然之间长大了。朗格多克蝎子的幼虫身长九毫米，现在却已经达到了十四毫米。而黑蝎的身长则由幼虫时的四毫米变成了现在的六七毫米。身长增加了一半，而个头差不多是原来的三倍。

在对如此突飞猛进的成长感到惊讶之余，我们不禁要问其中的原因是什么。因为这些小家伙们根本没有吃东西。它们的体重非但没有增加，反而因为脱了一层皮而减少了。个头增大了，但重量并没有增加。脱落下的表皮是白色条状，像一块块光滑的缎子，它们根本没有落到地上，而是粘在雌蝎的脊背上，特别是靠近腿脚根部的地方；它们杂乱地堆积在那里，好像形成一层松软的地毯，地毯上则是刚脱了皮的小蝎子。现在，充当坐骑的雌蝎背上多了一层鞍褥，这就更方便了好动的幼蝎骑手安坐其上。小蝎子们不管是爬上还是爬下，这层破烂的衣衫成了稳固的鞍辔，为它们的快速行动提供了支点。

用不了多长时间，幼蝎们就会产生一丝朦胧的自由念头，它们很乐意地从母亲背上下来，在附近开心地嬉闹一番。如果它们跑得太远，母亲会警告它们，并用手臂当耙子，把它们从沙砾上拢回来。

雌蝎和孩子们在一起的场景可以与母鸡和雏鸡们休息的温馨场面相媲美。小蝎子们大部分都在地面上，被母亲拥在怀里；另外一些则停在白色的鞍褥上，这垫子很舒服。有几只沿着母亲的尾巴向上爬，停在尾巴的螺旋顶上，好像很开心地从这个制高点居高临下地看着蝎群。突然来了一些新的杂技演员，它们将前者赶走并取而代之。看来，每个小家伙都想亲自体验一下在山顶平台上的新奇感觉。

大部分孩子依偎着雌蝎。小蝎子们一直不安分地动着，蜷缩在母亲的腹部下方，只露出额头，黑色的眼珠一闪一闪。最好动的更喜欢母亲

的腿，它对它们来说就好像是体操器械，它们在那儿荡起秋千来。接着，这群小蝎子不慌不忙地再一次爬上了母亲的脊背，找到一个地方安坐下来，接着，母亲和小家伙们就都一动不动了。

小蝎子等待成熟以及准备离开母亲独立的时间需要一个星期，在这段时间里，它们完成了不进食便将个头儿长大三倍的神奇任务。孩子们总共在母亲背上待两个星期左右的时间。这些幼虫尽管不进食，但仍然灵活好动。

知识百宝箱

我国古代有句名言就是"尽信书不如无书"，指的是读书时应该加以分析，不能盲目地迷信书本，不能完全迷信它，应当辩证地去看问题。作者法布尔就有这种"尽信书不如无书"的科学态度。法布尔在观察昆虫时，坚持实事求是的精神。即使书上指出了蝎子是胎生，可是法布尔通过仔细观察蝎子，得出了蝎子是卵生的观点。尽管这种观点不一定科学，但是这种敢于质疑的精神让人敬佩。

蝉的启示

——读《昆虫记》有感

张恒源

　　寒假期间，舅舅给我介绍了法国昆虫学家法布尔的《昆虫记》，我读得不亦乐乎。其中写蝉的一章给我留下了深刻的印象。从中，我学到了许多知识，也得到了许多启示。

　　我们对蝉的印象在于它热衷于歌唱，从不考虑将来的生活。小的时候，妈妈给我讲的故事里就有寒风乍起，没有储藏粮食的蝉到蚂蚁家去乞讨的情节。后来，在学校读了拉·封丹的故事，更觉得蝉完全是一个好逸恶劳的坏家伙。

　　法布尔在《昆虫记》中描述的却是这样：在夏天最热的时候，蝉悠闲地吸着树汁，而蚂蚁却找不到水。它们发现了正在喝树汁的蝉，刚开始只是舔舔从边上流出来的树汁，后来便不耐烦了，蚂蚁们打算反客为主。它们成群结队地想赶走蝉，对蝉又拉又扯。蝉被这群无耻的强盗搞得恼怒不堪，向它们射出一股臭尿，但蚂蚁们却丝毫不为所动，依旧厚颜无耻地吮吸着树汁。

蝉虽然产卵很多，但最终能幸存下来，变成若虫的却极少，经过四年的漫长等待，再变成真正的蝉的更是凤毛麟角。而且，在这四年中，它们除了掘土就是挖洞。时时刻刻、分分秒秒都面临着死亡的威胁。漫长的四年的煎熬，一旦破土而出，满身土灰的挖泥工换上了漂亮的外衣。暖风吹拂，阳光高照，它怎能不欣喜若狂，它怎能不为这费劲艰辛、历经磨难才迎来的如此短暂的节日而引吭高歌呢？

拉·封丹用寓言给蝉编织了一段故事，而法布尔则是细致观察了蝉。唐代诗人张籍笔下"居高声自远，非是藉秋风"的蝉是如此的清廉与高尚。我们也要像蝉一样不只做一个德行高洁的人，而且还做一个经得起磨难、能直面挫折的人。当然，我们也应该向法布尔学习，他用自己细致的观察，替蝉正了名，这种严谨的科学精神，令人钦佩。

为理想而奋斗

——《昆虫记》读后感

吴　丹

　　我最喜欢的一本书，就是手中的这本《昆虫记》。每当阅读到作者法布尔在细心观察昆虫、潜心研究昆虫时，我内心总是荡起阵阵涟漪。

　　当小孔雀蝶纷纷飞来法布尔的实验室时，法布尔竟然忘记了午饭的时间。在观察小孔雀蝶时，却又屡遭失败。这一切并没有使这位伟大的昆虫学家气馁，而主动停止实验。三年来，他对于一件事情不达目的决不罢休。是什么勇气，让法布尔如此仔细，如此醉心地观察"虫子"们的习性生活，并用生花妙笔写下十卷《昆虫记》的呢？又是什么，让法布尔牺牲一切，甘于贫穷，为人类做出独特的贡献？

　　就是理想！因为理想，法布尔不辞辛劳，把日夜观察昆虫的结果写成了不朽的名著《昆虫记》。正是理想，促使着法布尔设计出一个个有趣的实验，描写下一幅幅生动有趣的图画。

理想是什么？理想是未来的努力的方向。理想驱使着我们为这个方向而努力。周恩来从小为"为中华之崛起而读书！"陈景润立志："我要和外国人比高低！"还有华盛顿、毛泽东……古今中外许多人，向我们展现了一幅幅树立理想、为理想而永恒的画面。

再次翻开这本带着馨香的《昆虫记》，又一次读到作者生活与昆虫世界的点点滴滴时，我禁不住被法布尔坚韧不拔的精神所深深打动。理想，一个能超越困境、超越自我伟大的力量。人人都有自己的理想，我们是否能够成功，在于我们能否一直坚持自己的理想，以执着的信念为之奋斗。或许，寻求理想之程是崎岖坎坷的。但到达终点时，你会发现，走过的一切原来是这么美好！

谱写生命的诗篇

——读《昆虫记》有感

李昊阳

昆虫的数量是无比庞大的，但其个体并不渺小。

——题记

寒假期间，老师介绍我阅读了法布尔的《昆虫记》，我一下就喜欢上了它。在书中，作者用鲜活的语言、幽默的笔调描述昆虫们本能、习性、劳动、婚恋、繁衍和死亡。它既是包涵着丰富知识的科普读物，又是一篇篇文笔优美的散文。

我沉湎于作者平实的文字，清新自然，也喜欢他幽默的叙述，惹人捧腹；更佩服他细致的观察，让人惊叹。作者的生花妙笔，让我发现，昆虫这个看似毫不起眼却又无处不在的群体，原来有这么多有趣的故事。它激发起了我的好奇心，让我在一个神奇而生动的昆虫世界里徜徉。

通过《昆虫记》，我看到法布尔为了了解蝉的听觉，借用镇上的礼炮来做实验；看到他不顾危险诱使黑腹狼蛛离家，也看到他为了了解蝎子，甚至在家建了一座玻璃房子，经年累月地进行细致观察。为了得出正确的结论，他需要经过无数次的观察和实验，寻找大量例证，反复推敲；一次实验失败了，他分析原因，转身又设计下一次。这种严谨审慎、坚韧不拔的科学态度是多么令人佩服！

整个阅读过程持续了一个寒假，这本书不仅让我认识了一个又一个家族庞大却身材渺小的昆虫，也让我有了更多的思考。因为作者不光用精细的笔触呈现了昆虫的种种，更通过昆虫探讨人生的哲理，为我带来了一笔笔宝贵的思想财富。我思考着：人类与昆虫界何异？昆虫跟我们人类在生与死，劳动与掠夺等许多问题上都有着惊人的相似；为了寻求自己种群的发展，人和昆虫一样，恣意地扩张，背后却是大自然一次又一次的制衡，接着又是一次又一次的扩张……种群在无限地轮回，而个体却早已消失。

一部昆虫记，作者在写昆虫，何尝又不是在写人类自己？

生命并不渺小，而是缺乏一双眼睛去发现它的伟大。

——后记

怎样进行主题阅读？

主题阅读就是指围绕着一个主题，在一定时间内阅读大量书籍的阅读方法。它可以有效避免零散阅读所造成的知识遗忘、思考不深入的问题，能让我们把书中的内容理解得更深刻，有更多收获。

简单来说，主题阅读包含四个步骤：第一，确定自己感兴趣的阅读主题；第二，根据主题确定书目；第三，确定想要研究的内容；第四，阅读和思考。

当然，名著之所以成为名著，其主题的复杂与多样是很大的一个原因，我们完全可以从自己的视角出发提取主题，进行个性化的主题阅读。

科普主题阅读推荐书目

好奇心是人类最可贵的品质之一。从咿呀学语时起，我们就开始不停地问着"为什么"，世界上有无穷无尽的知识等着我们去了解，有那么多奥秘需要我们去研究。一本像《昆虫记》一样优秀的科普作品，不仅包含着丰富的知识，也充盈着趣味与美感，更能启发我们去探索世界、思考人生。

以下这些书都是兼具知识性、趣味性、思想性的经典科普图书。

1. ［苏］比安基《森林报》

城市的人们有报纸，森林里的动植物们同样也有一份《森林报》。这份不一般的"报纸"，用轻快的笔调、别致的形式，报道了春、夏、秋、冬四季十二个月森林里的大事小情：森林中愉快的节日和可悲的事件，森林中的英雄和强盗，可爱的小动物是怎样生活的，美丽的植物们是怎么生长的……不仅如此，它还告诉你应该怎样去观察大自然，读了这份"报纸"，相信你一定会迫不及待地想去大自然中探索一番。

2.〔法〕布封《自然史》

布封是18世纪法国伟大的博物学家。他穷其一生，写成三十六册的巨著《自然史》，包括地球史、人类史、动物史、鸟类史和矿物史等几大部分，这部作品综合了海量的事实，对自然界做了精确、详细、科学的描述和解释，提出许多有价值的创见。《自然史》也有很高的文学价值，尤其是动物史部分，文笔精妙，其中的《松鼠》《马》等篇目，还入选了我国的语文教科书。

3.〔美〕布莱森《万物简史》

人类有历史，宇宙万物也有历史。这本书的作者有着不小的野心——"为万物写史，为宇宙立传"，他用清晰明了、幽默风趣的笔法，将宇宙大爆炸到人类文明发展进程中所发生的许多妙趣横生的故事一一收入书中。一位美国小读者的父亲说，读过《万物简史》之后，他对死亡不再感到恐惧……作者认为，这是一本书所能获得的最高评价。

除此之外，房龙的《人类的故事》《地球的故事》，科学家霍金的《时间简史》《果壳中的宇宙》等作品适合阅读能力较强的读者。另外，诸如《微观世界》《迁徙的鸟》《海洋》《帝企鹅日记》等一些优秀的纪录片也能让我们增长知识，开阔眼界。

滕萍萍

2014年7月